设计无处不在，我们的生活、思维、未来都和设计相关。

设计在进行，我们有探索，有不确定，有未知的欲求。

设计永远存在于我们的思考中。

李晓明

未来设计

李晓明 著

清华大学出版社
北京

图书在版编目（CIP）数据

未来设计 / 李晓明著. —北京：清华大学出版社，2023.2

ISBN 978-7-302-62481-3

Ⅰ.①未⋯ Ⅱ.①李⋯ Ⅲ.①产品设计 Ⅳ.①TB472

中国国家版本馆CIP数据核字(2023)第005210号

责任编辑：张立红
封面设计：木　水
版式设计：李晓明
责任校对：赵伟玉　卢　嫣
责任印制：丛怀宇

出版发行：清华大学出版社

　　　　　网　　　址：http：//www.tup.com.cn，http：//www.wqbook.com

　　　　　地　　　址：北京清华大学学研大厦A座　　　　邮　　编：100084

　　　　　社 总 机：010-83470000　　　　　　　　　邮　　购：010-62786544

　　　　　投稿与读者服务：010-62776969，c-service@tup.tsinghua.edu.cn

　　　　　质 量 反 馈：010-62772015，zhiliang@tup.tsinghua.edu.cn

印 装 者：小森印刷霸州有限公司

经　　销：全国新华书店

开　　本：148mm×210mm　　　印　　张：13.625　　字　　数：289 千字

版　　次：2023 年 4 月第 1 版　　　印　　次：2023 年 4 月第 1 次印刷

定　　价：118.00 元

产品编号：095993-01

自 2009 年至今，十几年的教学实践中，对于未来设计的思考成为我教学最为关注的议题，也成为我的教学主题。社会的进步和生活节奏的加快，使得设计师要具备超前的意识、思辨思维和求新的决心。未来由人主宰，设计师是未来生活的涂鸦者，规划未来，涂写未来，创造未来。

　　在书里，我会尽力把这些精彩的涂画和瞬间呈献给读者，我也试图给即将成为设计师的学生提供探索与发掘他们个人世界观和个性思维的机会。这本书记录的是十几年的教学所得，旨在鼓励未来的设计师能够继续前行，也希望这本书能够对将来的教育和设计工作者有所鞭策和助力。

李晓明

2020 年 5 月 1 日于北京

1   2   3   4   5

希望留下您的思考与笔记，本书才完整。

未来 /

未来的意义在于不断更新。

未来是相对于当前时刻而言的未来时间。

明天只是未来的一部分，下一秒也是。

任何事物都有未来，对未来的思考和创造赋予我们生命非凡的意义。

现今我们的社会已进入未来充电模式，信息、网络、能源等各个科技领域迅猛发展。人工智能、大数据、代偿机器人、网络与虚拟现实等开始出现，未来世界的地平线远远未见，我们似乎正处于未来革命的边缘。 世界在不断进步的同时，我们的生活方式也要有所改变，我们应该关注未来世界的变化趋势，探讨人在未来时空中所产生的需求及变化规律。面对未来世界的无限可能，设计要做出改变。

/ 设计

设计看上去如此简单，却也正是为何如此复杂的原因。

——深泽直人

设计的字典释义是："有目的的创作行为，是把一种设想通过合理的规划、周密的计划通过各种感觉形式传达出来的过程。设计是造物活动进行预先的计划，可以把任何造物活动的计划技术和计划过程理解为设计。"设计师要有目标、有计划地进行技术性的创作与创意活动，设计的任务不仅是为生活和商业服务，也需要艺术性的创作。当艺术和科学并行的时候，便产生了设计。

设计也是给予人们体验的过程，引导人们去认知世界。设计关注的是人们需要什么，如何创造这些需求。创造允许犯错，而设计要知道保留哪些、去除哪些，因为设计的本质是创新，要不断地满足人们的新生活方式和新需求。如果一切适当，并留有迭代的想象空间，那就是好的设计。

基于各领域设计相关要素的研究，我们需要关注设计内容的扩展性及表达形式的多元化，关注我们的生存环境和一切可以利用的资源，这都将最终影响我们的设计立意和设计价值。

设计的最终目的是为人服务，我们需要注重人在自然及社会环境变化中产生的生理需求及心理变化，尝试以设计的方式解决人们生活中所产生的新问题，研究由此给人们生活带来的改变及解决问题的可能性。设计既可以解决问题，也可以提出问题。一切始于人的思考，也终于人的思考，设计应以人为本。

未来设计 /
未来产品

未来设计 / 产品设计发展趋势

　　未来,生存环境可持续发展模式逐渐形成,人们也越来越趋于科学、理性的认知,未来设计将更加注重人的使用和人的体验,注重人在未来环境中如何自居,如何生活。设计师要创造物质条件,以使人们身心愉悦。设计师要时刻关注人的需求,关注人的情感,关注这个世界,关注未来的无限可能,关注如何规划人们的未来生活。

　　未来,对人们而言,产品不再是简单满足人们对于生活设施基本功能的需求,更多的是对人们在情感层面上的需求给予回应,产品不是简单的设施,而是人们的朋友、陪伴者、可以对话的对象。无论是实体产品还是互联网产品,既是为了解决人们生活中的现实问题,同时也要满足人们未来生活模式下的预知需求。产品设计应遵循使用者的需求变化而具备更为多元化的存在形式,产品可以是一件物件、一个系统、一套服务流程,也可以是一句温暖人心的话。产品的形式有无限可能,而它的目的永远是满足人们的需求。对于未来产品,我们需要重新定义和思考。

技术与科技 / 设计基石

设计是建立在技术基础之上的应用学科，现代工业技术的革命和科技发展促进了设计理论的产生和应用。技术是设计的依托，科技是设计的加速器。

技术与科技在产品制造和生产行业已具备较为成熟的应用形态，互联网、智能化生产流程不仅提高了生产效率，也带动了加工技术的提高。技术与科技成为设计师新的设计工具，令设计流程更为高效。智能机器、交互传感器、新型材料、网络、数据、信息、生物科技等都将成为新兴工具，它们是对设计工具的一次重新思考、一次再设计。未来产品需要装备升级，技术与科技是不可缺少的硬件，是设计基石。

麦肯锡的报告里列举了若干技术对未来经济的作用，这些技术的完善与发展也影响了人们对生活的思考模式和未来的生活方式。人工智能与交互传感器尝试人与机器协作，实现全智能化、自动化工作模式；机器深度学习、智能机器人越来越多地代替人工劳力，成为人们的得力助手；互联网和物联网通过无线技术进行数据整理分析，以构建更为便利的生活服务体系；云计算建立大数据资源，提供网络一站式服务；新型材料的开发，包括石墨烯、纳米材料、记忆金属等先进材料为新型能源储备提供更多选择性；综合生物技术，包括 DNA 序列及分析技术为患者带来更多希望；无人驾驶车、无人机等自动操作技术让出行工具更加智能化；开发可再生能源，如太阳能、风能、海浪能，为未来储备能源，等等。这些技术已取得飞速发展并被广泛使用，创造着不可估量的价值。

未来，科技将会更多地为设计领域服务，科技与人类生活方式的联结将更为紧密。产品设计在传统认知中或许只是具备简单的使用功能的工具，但在日趋多元化的生活方式的驱动下，产品已经演变为具备不同定义的人类必需品。由于物质与精神的双重需求，产品设计更加需要新科技和新技术的支持。

　　未来科技包括最新科技和未来可预见科技，设计师应该将现有被人类创造并能够掌握和使用的最新科技与产品设计进行结合，让科技成为"软科技"。科技服务于产品功能，令产品可以更好地为使用者提供人性化的服务，而不是单纯地让设计师炫技。未来可预见科技也包括我们能够预期或未能预见的超越现实的科学技术。也许有的科技目前还没有被研发和运用，但在未来势必要被我们掌握和使用。未来科技与未来设计并行，我们需要更多的想象空间和科学实践。设计更需要超前思维，前瞻性设计是试验，也是开端。设计也是不断把未知变为已知的过程，没有开端，就没有进程。

信息变革 / 互联网、大数据

互联网的问世使信息得以共享。未来世界信息互联，设计行业借助互联网的数据来获取更多有价值的信息。我们调研消费者需求，定位产品及品牌导向，确定设计流程及市场销售，以设计驱动商业创新及运作，实现设计价值的最大化。信息变革带给设计行业更多的依存条件及储量空间，设计的重要性得到更多的强调和认知。

互联网打通了世界，而大数据在互联网产业浪潮下迅速建立起消费资讯数据库，成为一项新兴的产业，其商业价值不可估量。大数据不断提供新的信息，为消费业态和产业生态的建立和发展提供了参考价值，设计行业正在加盟大数据产业，设计需要催化转型。设计针对的不仅是一件功能性产品，而是多元化、多定义的服务化系列产品。产品设计需要重新定义市场。大数据产品设计或许是一种全新的设计形态，设计依据来源于数据，要参考大多数消费者的需求。产品更加关注用户的体验过程，数据实时采集变化，决定设计走向，产品最终成为一体化服务的综合设计。整个设计流程都鉴于消费人群的需求变化。大数据为这一流程提供决定性资讯，已然成为设计程序的重要环节。

信息透明化是未来世界发展的必然趋势，网络、信息、大数据都将成为未来设计的重要元素，信息的产生与辨析成为设计的条件，成熟且完善的功能性产品需要更为切实的设计依据，我们需要更多的信息数据和资源。

人工智能 / 产品交互设计

产品智能化是未来产品发展的必然趋势。未来在大数据、信息、网络和人工智能等技术的发展下，产品需要满足使用者的各种需求。例如：智能座椅会提示我们久坐需要活动一下筋骨；智能恒温器会检测室外天气，以调节室内温度；扫地机器人、无人驾驶车成为懒人一族的预备工具；无所不在的传感技术和机械全自动化成为智能产品的核心技术。人工智能是产品的一个新的纬度，使产品具备智慧和更多的可能性，而最终是要达成产品最为人性化的设计。

人工智能的源头本是人，终极也是人，是人创造的一类服务于人的全新系统。计算机将人们认知和辨析世界的行为与经验记录为数据信息，再反馈到产品功能中，模仿人们的判断来实施服务内容。产品帮助人们思考了一部分问题，带来了相应的便利，这就实现了人工智能产品的存在价值。越来越多的行业使用了人工智能，它是一个新的尝试，还在进化中。在未来，人工智能必将根植于人们生活的各个角落，是人对于人的智慧的重新演练。人工智能不只是技术，还是一个概念，产品不能被人工智能取代，而是通过人工智能变得更为"睿智"，功能更为清晰明确，服务系统更为便捷流畅。

在未来，产品可以与人对话交流，人机交互也不再新奇，产品交互设计是人工智能的另一种实现方式，是人类经验与计算机数据的协作。产品通过识别人的情感而做出反馈，人与机器进行情感的输入与输出。产品交互的终点还是人工智能，最终还是由人做出判断和决策，决定如何定义交互的意义和产品属性。因此，产品交互的内容和用户体验是产品的核心，其本质还是要回到人本设计。

数字化生存 / 产品数字设计

产品与线上交互式服务已逐渐成为未来产品设计趋势之一，产品数字设计可以是一个定义，它依存于网络信息、大数据和数字化技术。数字化技术将逐层信息转变为可以编辑的数据进行处理与应用，连接各个网络平台，为用户及企业提供更为开放、自由的产品服务。云操作系统和云数据库、阿里巴巴大数据计算等服务体系为实现网络数字化服务搭建平台。办公远程数字化、授课远程数字化已经广为应用。数字化存在于虚拟世界，为我们寻找更多的出口，创造着现实世界，这是产品可持续设计的又一次转型。

产品数字化设计的概念也包括虚拟产品设计、产品参数化、3D 打印、增强现实技术等，数字和数据在计算机系统中生成数字化模型，可供我们参考与再设计。我们借鉴信息与数据，研究产品的更多形式与生存空间。设计需要质变才能进化。

未来，网络、数据会更加强大，云端存储着我们所需的所有信息与数据，产品服务在网络中就可以实现。所有的资源，我们都可以使用及分享。而作为设计师，我们要学会掌握数据，设计 App 与交互网站。我们也需要超前的设计思维，还需要先进的设计工具与平台。未来世界正在迅猛发展，设计师更要培养未来意识。

新型材料 / 新能源开发与储备

新型材料是通过人工复合改良的、具备特殊性能的材料，新型材料的发明对传统制造业和新兴产业产生了极大的影响，同时也推进着科技与技术的进步。设计师需要关注这些新型材料和新技术，了解当下新型材料的发展趋势，将其与产品设计结合，预知未来产品的发展方向。

新型材料产业的规模不断扩大，纳米科技、人工复合结构材料、电子信息及化工材料具有明显优势；石墨烯、3D 打印材料、超磁性材料、光子晶体、金属水等新兴材料技术不断突破；记忆金属、自愈材料、生物材料、超导、人工智能信息传感及反馈材料等智能材料的比重加大。高科技与新技术的发展带动新型材料产业的发展，网络、大数据、人工智能正在加速新型材料向科技化方向迈进。

新型材料与能源、信息、交通、建筑、航天、医疗等产业的结合越来越紧密，科技提升是新型材料产业发展的基础，未来超级材料将具备更多智能属性，新型传感材料、自修复和自适应材料等先进技术问世。人工智能与新材料技术互为促进，新型材料产品的智能化升级是未来材料发展的必然趋势。

未来，新型材料研发也应更注重可持续发展与生态循环，注重与自然资源和人类生存环境的协调。人类生存空间需要良性循环，而不是被科技和经济破坏。我们在构筑未来世界的同时要关注人的需求，要用绿色环保材料和生物医学材料，以及有利于健康生态的材料。未来材料也将在各行各业得到广泛应用，新型材料技术将发生巨大变革，产品设计应与之结合，未来产品的变革也将取决于它们。

生活空间模式改变 / 产品模块化及空间融合设计

未来人们的生存环境将会发生巨大变化，传统的居住模式也在发生改变，家居产品不再局限于按空间性质分类，只满足单一功能，而是转变为融合空间与环境的可变量元素，重塑空间属性，也重塑人们的生活方式。

模块化设计主要是将产品单元化。每一单元具备独立的使用功能，单元之间可以排列组合，功能可以合并。单元与单元之间可以建立特殊的连接方式。不同的排列组合决定产品的最终使用形态与功能。其可自由变换的产品属性和无限的组合方式也满足了使用者不同的需求。同时，产品模块有其标准的生产部件，模块化产品在生产流程上也有效地缩短了运作周期，因其单元模块功能形态独立，便于单独调整设计及再批量生产。家居产品的模块化为人们的居住空间实现自由分布与布局提供了多种可能性，实现了人们的居住环境的可持续变化与生长。

产品模块化是未来产品设计的一个重要趋势。虽然模块化的概念，我们并不陌生，模块化设计目前也已在多个领域被广泛应用，但需要设计师具备创新设计思维。未来模块化产品也要建立在科技与技术的发展之上，它应与人工智能、新材料等技术结合，如何使产品的模块化设计全方位地满足人们未来生活方式的多样化需求，是设计师协同生产制造商应该认真考虑的问题。

产品服务系统建立 / 产品设计 + 服务

设计师除了需要关注设计本身,还需要对产品和产品之后的整个服务体系进行设计,关注产品给使用者带来的整个使用流程的体验与感受。产品设计的原初具体概念的提出、方案的实施及产品每一个细节设计都会反馈在使用者体验产品的过程中,未来产品不再是单一功能的实用性产品,而是服务一体化的综合设计产品。产品服务系统附加于每一件产品上,决定产品的再设计。

产品设计要超越产品单一定义,需要更加多元化和自由化,需要跨专业和跨界设计,融合各个平台及领域的资源,力求实现短期商业目标的同时又能够规划未来市场空间,实现产品再生可持续设计。设计师要能够站在全局角度,思考设计的作用与价值。产品设计的主旨永远是用户体验,设计师要做到产品产出的全局控制,从产品的发起到实施,再到产品的推广和升级,能够把控每一个流程环节。设计师也不单是设计师,更是调研者和策划师。这就要求设计师不仅需要具备设计专业知识,还要具备商业运营能力和超前服务意识,产品设计和服务应该一体化,统一打包,落实到生活的各个角落。未来生活将会越来越复杂化,也会越来越简洁化,人们的要求会越来越复杂,而设计师要做的则是帮助人们创造越来越简洁的生活方式,产品和服务必然融为一体。

情感与观念 / 产品个性化设计

实现网络连接、信息共享之后，人们的消费意识也发生转变，需求增加，选择性更多，大众产品已经不能满足小众人群对产品的特殊要求，设计呈现小众化、个性化趋势。同时人们的个性化消费方式也越来越多样化，每个产品都会收获相应的受众，产品观念也间接影响着消费观念。

产品满足人们的需求，人们也给产品注入更多的情感。当设计师重新定义一件产品的功能时，传达给使用者的也将是被提示的信息。产品可以帮助设计师将他们对世界的感悟与认知传递给使用者，邀请使用者进行体验与思考，产品也就成为传递情感的媒介。这是观念性产品特殊的功能属性，产品给予使用者全新的选择权和特殊使用权，小众化、个性化产品正是具备了更多的特殊使用权而成为使用者越来越关注的对象。

在复杂的社会、多变的未来中，人们的情感需求成为首要考虑的因素。人们不只关注产品的功能实用性，产品带来的情感满足逐渐成为产品的核心。人们通过使用产品进行情感交流，产生共鸣，这是产品给人们带来的愉悦，也是一款好的产品应具备的首要因素。

设计心理学 / 设计终归基于 "人" 本身

本·沃森（Ben Watson），Herman Miller 品牌的执行创意总监有感而言：人类基因组计划和其他的一些研究结果让科学家们对 "人" 的运作方式有了更深的理解。这些革新性的认识也将被用在设计上。不管是规划一座城市还是设计一把椅子，设计师们都可以借助这些理论来思考：什么设计能激发人的创造性？如何创造更强的归属感？如何真正消除干扰、引发更深层放松？

设计无论如何创新和改变，都要从人的心理出发。设计还需要同理心。设计师不但要学习设计心理学，还要了解社会学、人类学、历史学等多个领域，因为使用者来自多个领域，每个人的生活环境和认知都不尽相同，每个人都有内心的需求。我们要真诚地去感受使用者的需求。如果我们要为一位焦躁症患者设计一款可以帮助他舒缓情绪的产品，首先我们要从使用者的角度出发，把自己预设成使用者的身份，预想一下自己在使用这款产品时的感受是什么，从而设计出真正可以帮助到使用者的产品。设计师不应该只是旁观者，而应该努力成为使用者的心理学家。

产品设计不仅要满足基本功能需求，还要满足使用者的心理需求。未来产品无论内容与形式发生怎样的改变，都将基于人本身。满足人的心理层面的需求是对产品的最高要求，设计带来的是精神上的自我认同。

产品设计 / 注重可持续性与产品再生

世界上的能源与资源是有限的,设计行业更应该关注设计产品的可持续性与产品再生。以我们的生活物品为例,我们的生活空间会堆满各式各样的物品,在使用一段时间之后大部分物品会被淘汰或清除,我们可以考虑如何延长产品使用寿命及提高使用效率,降低制造成本,减少资源消耗,真正实现产品的可持续性使用。

我们会从使用者的心理出发,设定好基本使用功能,考虑使用节能材料,试验高效率的生产模式。我们会优化设计流程和重设服务系统。我们可以局部调整、改进已有产品,而不需要从头开始。我们可以制定一个科学化的设计程序,以应对长期的市场变化。我们需要重新定义产品再生。这些都是要建立在节约能源与产品可持续性设计基础之上的。

可持续发展的社会需要可持续的运转系统,我们可以轻易获取任何东西,但我们不设计无需求的产品,我们可以做到人们需要什么我们就满足什么,但我们更应该关注我们的设计可以持续地为人们提供什么。我们更应该认识到世界日益严重的社会问题和生态问题,我们应该承担更多的社会责任和人文责任,运用设计的智慧创造出可以帮助改变现状的产品。哪怕是一个细微的改变,如果它可以引发人们的思考与行为,都将会证实设计对改变世界的作用与贡献不是微薄的,而是深远的。

设计无界限 / 产品设计的定义拓展

/ 设计跨界

未来，设计需要跨界、跨行业、跨领域，产品设计也不局限于传统制造业，工业设计、产品设计、服装设计、首饰设计等设计领域的界限会逐渐模糊，建筑设计师、产品设计师、UI 设计师和平面设计师角色互换，设计打通行业之间的壁垒，创造共生的目标，统合设计成为未来设计发展的必然趋势。这将意味着设计师要具备综合的设计能力，寻找设计的结合点和落点变得尤为关键。

/ 设计师角色转换

设计是一项创造性劳动，因为其特殊的性质，它可以引发人们更多的思考与改变，思想维度上的自由与可能性督促人们开始思考新的问题，关于社会、人文、环境以及这个世界。设计师应该具备更强大的力量去发现问题和解决问题，要为这个世界创造更多的机会和给予人们更多的想象空间。设计师也会变成最具自由意识的一类人，他们可以成为社会调研者、工程师和艺术家，也可以成为老师。在充满规则限制的现实社会，他们是可以游走在这些禁锢之外的一群人，只有自由的意识，才能创造出自由的产物。

/ 产品性格

产品除了功能使用，也转变为人们交流的工具和媒介，产品背后可以隐含一段故事，也可以传递重要的信息。产品的定义变得更为复杂，它的内容与形式都将成为吸引人们去使用它的关键。当人们可以与产品对话时，产品也可以成为人类的朋友。

/ 产品与事件

产品设计不再是单一的产品开发流程,而是一个事件、一个策划项目,设计调研、推广与营销以及后续的持续反馈都是设计的一部分,产品前后涉及的问题也更加繁杂。我们需要更为严谨地策划与规划,线上宣传、线下实体店、产品体验流程都需要设计师进行考虑,一款成功的产品需要全方位设计,设计事件要像射击竞技一样,目标明确,路线清晰。

/ 产品定制与专属服务

设计也需要定制,小众化设计与个性设计有其受众,产品由满足大众需求的普遍性商品转型为限制版权的小众艺术品,观念性及个性化产品也有其私人定制服务与专属服务。

/ 不限地域、环境

产品设计可以应用于任何环境和地域,包括高度发达的社会、原始落后的地区,产品无国界,无地域限制。只有人的需求有界定,产品功能、意义不同,但价值等同。

/ 新型材料与工艺更新产品定义

新型材料与工艺技术的发展使产品具备更多的形态及属性,材质与工艺的概念扩大,可以来自自然界及工业技术,山、石、水、木、钢铁、玻璃等已经变成最为常见的普通材料,纳米技术、液态金属、合成材料也并不鲜为人知。材料的定义已不局限于具象,也包括抽象,可以源自社会因素,甚至是人的情感、声音、皮肤的温度、味道、记忆……工艺也不再限于传统工艺,借鉴制造业、建筑业、医学等领域的先进工艺,更多的新兴工艺已得到实践。

/ 产品系列化与持续主题

产品设计不应该只局限和终止于单一产品，产品需要系列化，这是产品延续性设计的一种体现。产品设计需要持续思考，一个确定的主题会派生出多种形式的产品，一款单一产品一定有其不足之处与改善的空间。太所以一个设计问题必然会经历使用时间的检验，使用者在使用过程中会反馈问题，系列化设计则成为解决问题的再生设计。

/ 设计无界限

未来设计会不断更新，产品设计会更多样化，未来产品的定义与形式不再被局限，可以存在于现实空间，也可以驻足于虚拟世界，可以是实体，也可以是思维。我们要关注未来世界的发展动态，设计需要前瞻性，需要做出引导与预判，未来设计需要思考未来的意义，创造未来的价值。

未来设计教育实践 /
未来产品设计

思考与探索 / 未来的思考（教学背景与实践）

设计的核心是创新，创新需要从新领域出发，探索设计的未知性。未来设计是我们需要思考和探索的问题，需要不断地实践和总结，对于未来设计的思考是设计师们永远的课题。未来设计会是一个大的趋势，无论在任何领域，设计意识和消费水准的提高都会帮助人们从中获益。未来设计是一个长期的目标与任务，无论在什么时间、地点，设计师和教育工作者都需要做出努力。我们需要更多的思考和实践，我们需要更好的教育和工具。

设计学是关于设计行为的科学，是强调理论研究与实践结合的交叉学科，设计学类专业包含艺术设计学、视觉传达设计、环境设计、产品设计、数字媒体艺术、艺术与科技等学科。而无论哪一门学科，设计师的思维方式与设计输出方式都会直接影响设计的结果，设计师对于设计模式的定义、对于设计工具的选择、对于设计的应用领域等不同的诠释都会对设计的最终形式产生影响。如何教授设计、产品设计如何定义、产品如何实现等一系列教学问题也是作为教育工作者需要面对的问题。

未来产品设计，我们目前之所以称之为"新媒介产品设计与研究"，是旨在研究和探索未来产品设计的更多发展领域和模式，寻找更多媒介对产品设计的影响。在十二年的教学实践中，未来产品设计方向逐渐成为未来专业发展尤为重要的方向，多年的教学探索与实践已取得一定成果。未来产品设计方向逐步明确，产品设计需要各领域的扩展设计、跨专业与跨行业的交融设计、未来生活方式下的未来产品的创新设计，重点是要打破传统产品的设计认知，探索产品前瞻性设计。因此，在教学实践中已形成和确立了产品延展设计的系列课程，"新媒介产品设计与研究"教研室主要围绕科技、新材料、数字化设计、设计服务系统等多个领域展开。研究课题包括"未来产品设计与研究——智能交互产品设计""未来产品设计与研究——新材料产品设计（新材料试验与开发）""未来产品设计与研究——产品模块化与空间一体设计" "未来产品设计与研究——产品数字化设计""workshop——新媒介试验产品设计""城市亲历——未来产品孵化与实践（地域创新产品）"等。同时，在主要实施课程中，还包括以下几个板块的教学内容："产品界面拓展设计研究""产品参数化虚拟设计""产品3D、4D打印设计""产品多媒介交互设计""产品品牌与服务整体设计"等，在十二年的毕业设计课题中，未来产品设计教学已输出多个完整作品，产生可观的教学成果。

在当今科技与社会发展趋势下，产品设计需要在各个平台有创新性、多元化的发展，我们希望在未来产品设计教学中秉持多年总结和积累的教学理论、教学观点和教学实践经验，把可持续发展、具备生长性的新教学模式呈现出来。

在未来的教学计划中，未来产品设计方向下的"新媒介产品设计与研究"教研室的教学将继续研究科技与产品的深度结合、交互设计与产品设计的多元化生长、数字化信息与产品的生成性设计、多媒介与产品设计的融合、生物技术与产品设计的结合、空间体系与产品设计的延展设计等课题，坚持未来设计思考与探索，为共建未来世界尽一份努力。

实践中摸索 / 踏步、起步（教学定向）

十二年前的早期教学，我们已有对于未来产品设计教学方向的思考，但教学内容的设定与课程组织是在持续的教学实践中不断改进与调整的。我们不断思考产品设计的社会融合性与引领性，不断明确未来产品设计的发展趋势，我们实践与试验过很多相关课程。

人与产品的交流 / 智能交互产品设计

材质语言传达信息 / 新材料产品设计

产品生产模式与使用模式的改变 / 产品模块化设计、模块化空间类产品

产品与空间的综合体 / 产品空间一体化设计、近人体尺度产品设计

新生活方式下的设计模式 / 品牌孵化与产品系列化设计

产品与信息交融平台 / 互联网、大数据与产品服务设计

现实与虚拟转换 / 产品数字化设计、产品 3D 打印、参数化设计

情感与感情 / 观念性产品、产品个性化设计

…………

（此部分内容在后文详述。）

所有这些课程都是围绕未来产品设计方向设定的，理论讲授与方案实践相结合，教学强调设计思考与创新思维，要求概念明确，注重方案落地，而教学结果呈现出产品设计的无限可能性，并实现延续性设计。在实践中摸索，我们正在起步前进。

思有所思 / 试验与总结（主要课程）

"新媒介产品设计与研究"教研室关于未来产品设计的系列课程都是围绕未来家居产品设计方向展开，需要学生调研和预测未来产品的发展趋势，设计与研发未来产品，打开未来产品市场。

智能交互产品设计 / 未来产品研究

未来，设计将走向人工智能和交互，人工智能赋予计算机解读人类语言和情感的可能性，人与计算机的交互得以实现。各领域、各行业都在推进交互化、信息化的变革，而产品设计相对自由，这体现在产品可以按照使用者对其功能和使用场景的要求定义它的概念和意义，把使用者的需求转变为产品的增设功能。使用者对于产品的体验过程是设计的重点，未来智能交互产品设计将会实现计算机对于人类语音、肢体动作、表情做出反馈，满足使用者需求，实现人与产品、人与人的情感交流，产品与人工智能和交互技术的结合成为未来产品的设计趋势，也是人们未来生活的必备品。

智能交互产品设计课程关注与研讨四个关键词：人、智能交互、科技、情感。课程中学生要明确，除了人与人之间言语和行为的直接交流的方式之外，科技、技术是实现情感交流的辅助工具，科技是产品背后的"软科技"，目的是实现产品功能的人性化设计。作为针对产品设计专业三年级的必修课程，在培养学生未来产品思维拓展能力的同时，课程首先要求学生明确未来产品的概念，明确智能与交互概念，并以家居产品为设计载体，探索智能交互产品对于人类情感交流的作用，并最终将产品制作出来。

在课程开始之前，我们会以提出问题的方式引导学生思考：什么是未来产品设计？什么是智能？什么是交互？为什么产品设计需要智能和交互？智能和交互如何在产品设计中体现？智能交互产品设计的最终目的是要解决什么问题？作为设计师是否有职责为社会解决问题（设计师应该关注社会人文、实事等）？在提出问题之后，学生会带着问题进入课程，课程会逐级引导学生建立起构建未来产品设计的思维模式，教授学生通过怎样的思考和设计方法解决问题或者引发更多的思考。我们也可以让学生参考尼尔森交互设计法则（Nielsen Heuristic）去对自己的产品进行检验，进而提高学生对未来产品设计的掌握能力及综合表现能力。

课程设置三个阶段的任务。第一阶段是调研未来产品、智能、交互的概念，以及未来产品市场概括、用户群体和代表个案。调研会帮助学生建立初步认知和掌握基础数据，以此为切入点来探讨未来科技、信息、人工智能等元素对于产品设计的影响，同时也是对产品设计定义的拓展。第二阶段是明确方案设计的概念，这一部分是整个课程的重点，包括如何定义未来产品、概念的由来是什么。确定概念的逻辑性与必要性都需要清晰而合理，智能与交互在产品设计中如何运用、如何通过智能与交互呈现未来产品的意义之类的问题和思考是整个课程最为重要的环节，让学生学会思考和明确表达是教学目的。第三阶段是让学生整合资源，结合市场，结合技术、材料、工艺将作品制作出来。在这一阶段学生会碰到实际问题，包括技术是否可以实现、材质可实施性、工艺难度等。在方案落地同时，学生也会不断思考原初概念，进一步推进方案深化与细节设计。技术部分主要会接触到动作识别、表情识别等各功能感应模块，以及增强现实、虚拟打印等技术。整个方案从概念确定到实施落地是一个复杂的过程，需要学生具备整体把控方案和实现作品的能力。而思维拓展与独立思考是学生最应该具备的能力，也是学生成为成熟设计师最基本的要求。

课程要求学生完成整个设计流程，包括概念描述、绘图、打样、材料与工艺展示、实物制作。根据课程难度的设置，课程为期7~8周，课程注重培养学生的设计拓展能力，为学生进入四年级结业课程的学习打下坚实的基础。教学过程要求作品不能只有概念高点而缺失可实施性，这需要学生们掌握较为系统、科学的思维方式及创作方法。课程也会涉及产品定位、功能与构造、材质与工艺、人体工学、需求审美等知识点，并且每一个板块和主题的课程的知识点会串联起来，强调教学中方案的延续性思考和系列化设计。

在课程中，学生对产品设计将有全新的认知与理解，在初步认知趋势化设计的同时，学生更是介入到更广阔的设计层面上，了解到环境、人文、科技、未来等元素对产品设计将会产生巨大的影响。学生们通过借鉴趋势化设计的概念认识到家居产品在更为广阔的领域中存在的意义到底是什么，同时也对未来社会与环境下的生活方式有更多新的思考。

在智能交互产品设计课程中，我们尝试过多个主题：智能交互产品设计（不限功能、适用人群、尺度）、大师作品分析（智能交互灯具设计）、智能交互产品（虚拟与现实交互、增强现实技术）等。每一届学生都有不同内容的课题，目的都是对教学实践进行不断研究与探索、试验与总结，希望每一个课题都会产生出几件好的作品。

新材料产品设计 / 材料试验

新材料是新开发的或人工合成的新型材料，新材料往往具备更为优异的材料性能和特殊性能，新材料的开发同时也推动着新兴技术的发展。未来产品设计的发展也会受到材料和新工艺创新的影响，未来也将依据新兴技术、材料及工艺对于产品设计领域的影响来思考未来产品设计的发展趋势。

在多年的教学实践中，我们十分重视材料这一教学板块，在每年的二、三年级教学任务中都要完成材料及新材料的调研与试验，需要调研新材料的特性及在产品领域的应用情况，需要研究材料的属性，试验材料性能，制作材料样块，将新材料与产品设计进行结合，由此制定课程。我们也会思考新材料如何运用在未来产品设计之中，诸如感温材料、记忆金属、纳米材料等如何与产品概念进行结合，以发挥材料的最大优势，提升产品的功能性。同时，我们也会引导学生思考材料的定义范围，例如思考水、石、植被、声音、温度、味道、人的皮肤是否也是材料，如何转换、定义这些材料等问题，引导学生学会发现问题、思考问题及拓展思维。我们会限定几种材料，要求学生调研材料的特殊属性，思考材料使用的人文属性，引导学生思考材料的观念性与特殊使用形式。新材料也应关注资源低碳与可持续性再生，在我们的课程中，我们会针对这个议题设置专项课题进行调研与讨论。材料的成功运用离不开先进工艺的支撑，我们会在课题中把新技术、新工艺的调研与试验同样作为教学的重点来加以强调。我们需要学生明确材料可实施限度，材料样板实验与制作需根据现有生产技术条件进行。我们要强调新材料技术需要向科技化方向发展，新型感应与识别材料、自愈自修复材料等材料的智能化成为新的发展趋势。

我们也试验过很多有趣的课题。

新材料调研与试验：寻找并调研 10 种新材料，包括科技材料、自然材料、生物医学材料等，调研其应用现状，研究其性能，进行材料试验，制作材料样块，思考其与产品设计如何结合，设计一款运用此材料的产品，并制作出来。

材料置换研究：选择一个现有产品进行分析，改变其中部分材料，用新材料替换（新材料可以为现成品或自行制作），研究新旧材料间产生的新关系。这一新的关系成为产品新的定义或新的功能，并且材料本身需具备其自身的表达形式。

新材料设计体验（混凝土与纸）：结合设计界现状，我们邀请成功品牌设计团队进行校企合作，联合课题"混凝土与纸制品设计与研究"成为我们每年持续性的教学内容，需要研究混凝土和纸这一对另类材料的产品特性与特殊工艺，研发材料的复合元素，改变其组成成分，进行材料试验，思考材料功能与产品功能的结合，设计并制作混凝土及纸制功能产品，实现材料的实际运用价值，其间也创造出很多好的作品。

此外还有结合地域的自然材料调研、人文材料研究课题等。

在所有的实验性课题中，我们要明确课题要解决的主要问题是明确新材料开发的必要性以及如何将其应用于未来产品的设计与研发。课题成果大多为材料研究报告、产品单体、材料样块、设计表达图纸及模型展示，核心是要求材料开发缘由明确，体现新材料开发意义。

产品模块化设计 / 产品空间一体化设计

产品模块化设计是一种新的设计思维,不同功能的产品模块可以组合成不同类型的产品,以满足市场多样化和个性化需求。

产品模块化设计课程是未来产品设计教学方向下的一个重要板块。课程以产品模块化设计为基础,整合产品组合方式、产品构造、产品与空间结合等设计关系,研究未来产品模块化设计趋势。课程目的是使学生由单一家居产品设计逐步向空间及家居所处环境领域过渡,并引导学生建立产品空间一体化设计思维模式,认识产品以多种形式存在的可能性,研究新生活方式,从调研到确定概念再到产品制作,从产品使用流程和后期产品服务模式,产生新的未来产品设计的概念理解。

课程研究环境及新生活方式对于产品设计的影响,产品存在于有具体主题与内容的空间内,不单是满足基本使用功能,也是人在空间环境中行为的重要媒介,因此产品的形态功能都会根据其新的定义和性质发生很大的改变,并与空间环境、人的行为模式相协调。模块化产品也会具备相对独立的功能、结构与标准构造部件,根据空间属性的区别,空间的尺度、室内外环境、家居与公共空间、民用与商业空间等因素对于产品设计都会有不同的功能界定,而产品模块化设计可以满足不同要求的空间环境。除此之外,我们需要学生能够考虑到产品使用流程及后期产品服务模式也可以模块化,产品模块化需要向智能化转变,它是未来产品设计发展的极有前景的方向。

我们试验了几个主题的课题。

主题空间。课题设定不同主题和功能要求的空间，学生根据空间限定调研与设计模块化产品，以满足空间使用要求，课题要求有从概念到实物制作的完整的设计流程，模块化产品需要制作单元模块实物。

模块工业化生产。课程重点强调模块化产品的单元组合方式及生产制造工艺，要考虑不同尺度的单元模块如何更便捷地组合与拆卸，选择什么样的材料与其配合可以满足节约成本、低碳环保、可持续利用的要求等设计问题，使模块化产品更具实际使用价值。

智能模块。模块化产品智能化也是未来产品设计发展的必然趋势，课程要求产品模块化设计与人工智能、大数据结合，使得产品具备智能识别、感应、回馈等功能，并且并不局限形式，可以是家居产品模块、电子或虚拟模块，主要目的为完成模块化产品的智能升级。
…………………

在所有课题的试验与教学过程中，我们都会强调在课题的第一阶段要调研产品模块化设计的定义，研究产品模块化设计的设计元素及设计方法。在进入课程第二阶段时，学生要进行初步方案设计，确定设计概念，根据调研抽取相关的设计元素，明确所要设计产品的类别，进行材料工艺实践，进行实验开发，探索科技，最终确定方案及表达形式。

品牌孵化 / 设计师品牌建立

品牌设计是人们个性化消费观念的结果,消费者追求个性化,而设计更应注重独特性,品牌设计需要明确的产品定位,也需要持续的生命力。在未来,产品设计更需要构建自己的"人设",品牌设计越来越必要和重要,已经成为未来产品设计的另一发展趋势。

品牌孵化是教学任务中一项重要的内容,安排在三年级后半学期进行,是毕业设计之前的实操课题训练。在未来产品设计总框架下,学生已进行关于新科技、新材料、信息、模块、结构等知识领域的设计实践,品牌孵化课题要求学生掌握把产品转化为商品的市场化过渡能力,设计理念趋于完整和有逻辑性,技术、工艺、材料等相关设计要素要更协调、明确。而课程的重点是要求学生做好未来产品品牌市场调研,目的为培养个人品牌意识、建立个人独立品牌。学生需要总结所学知识及设计经验,完成综合性课题,而品牌概念更为综合,需要全方面考虑产品定位、人群定位及市场定位。学生需要寻找市场资源,与社会及企业合作。未来产品设计师需要持续思考自己的设计将会带来什么,改变什么,如何让自己的品牌生命延续,如何更好地做一名设计师。所以在这个课程中,教学不但要求学生完成课程本身,更重要的是帮助学生们建立独立、成熟的设计师意识,提高设计师基本素养。

在本课题中,有几点内容需要提及。

1. 明确产品的品牌概念。产品品牌是产品商业目标的品牌标识,也是产品定义的持续性设计和系列化设计,所以要求设计师综合考虑市场成熟度、产品定位及实用功能与社会功能。

2. 市场调研是设计依据。市场调研可以提供大数据及真实的产品市场信息，预测未来产品设计的市场需求。鉴于目前中国产品市场情况，能够具备实践价值的未来产品开发领域是有所局限的，因此需要学生们客观调研，准确定位，有的放矢。

3. 课程不限定具体主题，学生可以总结之前的作品，做概念延续性思考与改进。设计师建立自己的品牌是对作品有延续性思考的实践，是对自己已有作品的认知与完善。在未来产品设计的大方向下，作品还是需要围绕新科技、新材料、新媒介等领域进行设计研究，同时在概念成熟度和工艺程度上要求更高，因为这是面向市场的"商品"，而不只是产品或作品。因此，品牌比单一产品的服务意识要更加强烈，单一的产品设计也必然向兼顾品牌建设与品牌策略的设计转化。

课程成果为品牌报告书和产品系列化实物展示，品牌报告书要求阐述品牌生成意义。课程持续 7~8 周，在第一周要求学生完成未来产品市场调研及确定品牌定位初步概念，第二周完成方案讨论及生成品牌初步方案，第三和第四周要求完善产品系列思考及品牌设计概念，第五至第八周进行实物制作及完成方案表达。

未来产品设计与研究——产品数字化设计 / 多媒介产品

　　数字化不是陌生的概念，产品数字化设计可以有多种释义。在近几年的教学实践中，我们更强调网络、大数据、线上服务等因素对于产品设计的影响，我们会研究信息的介入对于产品设计的影响，我们也会关注产品设计在例如 3D 与 4D 打印技术、参数化设计、增强现实、全息技术等科技下的发展趋势。我们会思考未来人们生活的数字化模式对于产品设计的新要求，认识到未来产品不再是单一物质世界的产物，而将是在多媒介平台中的产品，是一个综合体，或是一个体系、一个服务系统。因此，在我们的课程中，我们不限定产品设计概念，而是要求学生寻找一切可以影响产品界定的媒介，理解狭义与广义的数字化概念，调研未来生活方式，思考未来产品的定义及存在形式。而产品数字化设计教学的最终目的是打开学生的思维模式，引导其积极思考设计的意义与原初，关注这个世界，关注人们的未来。

　　在未来产品设计与研究的系列课程中，产品数字化设计课程安排在三年级上半学期的前期阶段，教学内容量大，注重调研与实践思考。我们会根据每届学生的不同状态微调课题的具体内容与要求，我们曾经做过很多教学上的探索与试验，比较成果，总结教学问题，充实课程。

　　例如，对于"数字产品 / 产品数字"课题，我们首先要求学生调研"大数据""数字化设计"概念，以小组形式讨论出结果并总结成报告书，组织学生进行课题阶段性汇报，共享信息与讨论。讨论期间，学生可以针对其他组的课题提出问题、辨析问题和推翻问题，以自由讨论的形式推进大家对于大数据和数字化设计的理解与质疑，例如数字化设计中智能交互与人工智能机器深度学习的概念区别与联系、它们对于产品设计的影响与弊端等。这一阶段的教学需要两周的时间，而这两周是整个课题最为关键的部分，是帮助学生打开思维模式的重要课题阶段。而在后面的四周或五周中，我们会要求学生完成对于产品数字化设计的定义与思考。从概念到产品落地，整个设计流程都要尽力完成。在每一个设计阶段中，学生要不断重新审视和思考设计概念的由来，思考设计的目的和意义，调研技术问题，寻找材料，试验工艺，把控产品实物落地程度。在每一周的课题总结环节，我们会要求学生分阶段汇报总结，各组讨论，成果分享。

课程总体上为期 7~8 周，要求学生完成调研报告书和产品实物制作，其间学生会碰到各类设计问题，也需要解决实物制作环节中关于技术和工艺的硬件问题。在这个过程中学生可能会不断否定和推翻自己的方案，而这个过程正是独立设计师成长的过程，教学的难度也正在于此。

未来产品设计教学内容的延续性会在这个课程中体现，产品系列化设计的思考也会在这个课程中开始。在后续的教学板块中产品数字化设计的概念会延续，没有实现的设计概念也可以在后面的课程中深化和完善，这一概念是相对宽泛和抽象的，有很多落脚点，但需要思考的逻辑性。课程将问题抛给学生，学生需要解决问题或者提出新的问题。未来产品的定义是变化的，教学也是在不断调整、变化的，我们希望学生不是为了课题而做课题，而是由此树立作为设计师的责任之心。

未来产品设计与研究——小众定制产品服务 / 观念性产品与个性化设计

　　小众定制产品服务逐渐成为未来产品设计的转型方向，但并不代表它会取代大众化产品设计，而是它会顺应人们新生活方式的多元化。越来越多的消费者对产品有特殊的需求，更加关注思维上与精神上的诉求，产品越来越需要内容性，艺术作品与产品之间的界限变得模糊，产品的概念与定义发生转变，特殊功能的产品设计也拥有受众，定制产品服务已成为常态。

　　我们在多年的教学实践中，在每一个课程中，都会强调产品的内容性。产品概念产生的缘由是产品的核心，即产品的观念性，于是个性化产品设计产生，趋向于艺术作品，产品的思维性得到升华。我们希望学生的每一件作品都能够兼具概念的高度和深度，是经得起推敲和思考的作品。在不同的课题中，在完成调研部分之后，我们会鼓励学生厘清概念逻辑，注重概念阐述与表达，支撑产品后续设计，做到产品概念到实物落地的设计完整性。

　　我们同时也注重产品市场调研，准确定位产品市场走向。在与课程内容结合时，我们会把这一教学重点落在"品牌孵化与设计师品牌建立"的课程中，设计师品牌建立关乎产品个性化与观念性设计，产品不但是为有特殊需求的人群设计，也是设计师为自己设计。作为设计师，要比众人需要的更多，要求更高。而在作品形式上我们没有限制，可以是具备产品各要素的产品形式，也可以是一件艺术装置作品，但是产品的内容性必须明确，并且其最终的呈现形式要与内容性一致。我们不希望看到逻辑断层的作品，这也是小众定制产品服务最为重要的根据，定制的私人属性要求产品可以清晰地诠释其唯一性。

我们在课题中也注重产品地域性与人文关怀,关注人们的生活环境、城市变迁、人们的现状、人们在生活和精神上的需求。我们要求产品设计可以突破单一使用功能而具备更多故事性,引起人们的共鸣。

我们在课题中会预设不同的限制条件,引导学生思考。例如,我们划定特殊的生活区域,要求学生调研区域内人们的生活现状,根据调研结果设计不限功能的产品及服务系统,目的是改善区域内人们的生活模式和状态。我们也尝试设置特定主题,例如"近人体尺度空间产品设计",要求学生调研"人"这一生理、心理为一体的特殊载体,从具象到抽象,从宏观到微观,设计人真正需要的产品,等等。

在所有的课题中,我们都尝试将产品设计导向进行观念性与个性化定义,这是对于产品设计新的要求。世界个性化,人们的思维个性化,这已然成为未来人们生活方式个性化的必然趋势,产品设计的个性化成为必然。所有课题为期 4~5 周或 7~8 周,根据课题设定的不同难度调节,课题成果同样要求包含完整的调研报告和概念阐述报告书、材料试验样块、工艺介绍及作品实物,授课主要以课堂讲授、主题讲座、课堂讨论与个案辅导等形式进行,并且教学主题会贯穿在整个教学计划与实践中。

思而得思 / 思考再思考（教学特色）

　　"新媒介产品设计与研究"教研室的教学定位是对于未来产品的设计与研究，打破对产品设计的传统认知，呈现产品在定义、功能、材质、工艺、扩展性意义等各方面的最大延展设计，重点强调专业交叉、跨专业、产品多元化设计与研究。关于教学设计，有以下几点思考。

　　1. 教学重点旨在研究未来产品如何实现跨专业、跨领域设计，包括产品在科技支持下的多领域设计，例如，产品与人工智能，产品与感应类技术，产品与机器深度学习，产品与声学、力学、物理学、生物学、医学、设计心理学等相关领域如何结合设计等，同时也包括对新材料的研发与试验来重新定义产品的研究与应用，产品与资源、产品与人文、产品与绿色可持续性设计等，并注重产品的概念性与内容性，以及产品系列化设计在关联领域中延展价值的体现，其最终目的是实现未来产品设计对于人们生活方式的引领与改变。

　　2. 未来产品的思维方式和设计方法的创新模式。在新科技、新材料、新能源等资源的支持下，教学希望培养学生形成对于产品设计的创新思维方式，扩大对于产品定义的理解，不只局限在产品的固有框架中，而是通过科学的调研、有效的设计方法、大量的试验实践和自主的持续性思考实现未来产品的开发与落地。

　　3. 每一件作品都要重点体现产品的概念与内容。近些年的教学成果已呈现明确的教学特色，我们的教学目的是让学生扩展思维，创造出能够适应人们未来生活方式的具有想象力和创造力的作品，我们需要"有内容、有寓意"的产品，需要产品能够有新的诠释，能够适应时代趋势和引领前沿设计。

　　4. 我们在教学过程中关注未来世界发展趋势，不只是在设计领域，也包括对设计产生影响的其他所有领域。我们希望与国际同步，借鉴国际先进院校教学经验，结合中国国情，正确定位国内设计教育，我们会注重与国际院校的专业交流，组织调研考察，设置联合课题，鼓励学生更新思维方式，注重课题的研究性与思考性。

5. 我们关注校企合作，挖掘市场资源，寻找与企业合作的机会与平台，做好产品孵化与实践储备，为实现学生作品转化为商品提供更多的可能性。教学需要与社会连接，思考需要转变为现实，这是产品设计后期遇到的最大难题，我们在每年的毕业设计课题阶段都对这一难题不断实践与思考。

6. 每年进入毕业季，检验四年教学成果的最为重要的一个课程就是毕业设计，我们的教学在十二年的探索实践中，在每年的毕业设计课程中已经产出了成果，主要为未来产品设计范畴。学生们的每一件作品都是对未来产品设计展现出一个可能性，解决了一个问题或提出了一个新的问题，都是引发人们思考的一个契机。在毕业设计的辅导过程中，我们会布置开题前调研 —— 开题 —— 深化 —— 制作 —— 延续性思考几个重要环节，其中，对于开题前调研环节，我们要求三点：调研总结与思考；归纳信息、头脑风暴；实题模拟、挑战制作。在开题环节，我们要求：自选课题；方向引导；预判结果。到了深化环节，我们要求学生做到：通过深化反复推敲概念；思考材料工艺的可突破性。而进入制作环节，我们会要求学生预判概念实施度、解决制作工艺问题和进行制作过程推敲。在最后完成阶段性毕业设计的同时，我们会要求学生思考作品的未来发展和延续性设计。

对于毕业设计成果，我们要求：作品调研内容要属实、完善，概念明确，思维逻辑清晰，掌握相应材料与工艺，解决技术难题，让产品落地，有设计细节，作品具备延续性、系列化思考空间，作品成果展示与表达要充分。我们每一年都有几件毕业设计作品具备申请技术专利与设计专利的资格，部分作品也已达成后续与企业合作的共识，这些成果是对我们教学的肯定与鼓励。我们在毕业设计的最后阶段会进行评议，以敦促我们对教学的更多思考。我们会进行专业发展方向的阐述，梳理未来产品设计发展趋势，我们会对未来生活方式进行探讨，我们会总结一年来的教学成果，思考教学过程，我们更会关注学生作品的话语权，这是对于我们教学成果的重要检验。我们需要思考的问题很多，但最为重要的是每年毕业设计后的"坚持"及对呈现问题的思考。

我们会思考这些问题：

未来产品设计研究与教学的必要性；

教学评判标准，产品设计的未来发展与定位；

教学生命力的体现；

有效的教学方法与人才储备；

教学师资与设备提供、产品制作场地、人员、制作生产环节资源扩展；

教学附属平台的完善，搭建教产研链条；

国际平台的建立，与世界大舞台接轨；

对人本意识的培养；

学生入口与毕业出口；

作为国内设计师的定位及思考；

设计师所处的时代、未来的要求、设计师的责任及荣辱感；

…………………

　　学生的每一件作品都是打开未来的一个入口，我们希望这些作品可以呈现产品设计的多元化与前瞻性，探索未来生活方式。所以，我们的教学也是在不断革新与迭代的，我们的教学也是一个演变、进化的过程，我们需要坚持，需要不断地思考才能不断地优化。在未来产品设计的专业大方向下，在当今大量科技与社会发展的趋势下，产品设计需要在各个平台有创新性、多元化的发展。我们希望在未来教学中呈现和延续多年来总结和积累下来的教学理论、教学观点、教学经验和教学思考，希望可以把可持续发展的、具备生长性的未来教学模式建立起来。

未来的未来 /
设计师与他们的作品

　　未来的未来，由设计师创造。如何作为一名真正的设计师，是设计师要反问自己的问题，大学的设计教育注重培养设计师的独立思考能力和方案掌控能力，教学也越来越注重多学科和多领域的结合。设计师越来越需要具有综合认知能力和跨学科知识。设计师要勇于挑战前卫设计，要培养团队合作意识，要关注多领域、多专业的结合，更要关注世界的变化，思考未来，思考未来设计。

　　我们在多年的教学实践中，已经培养并输出了百名毕业生和设计师，他们离开学校，步入社会之后，有从事产品设计行业的，也有从事相关设计行业的。他们面对的设计问题会更加复杂，社会对他们的要求也会越高。他们需要具备更多的设计能力：产品设计管理能力、技术与创新能力、市场及商业能力等。他们每个人都在努力工作，努力创作，希望自己的作品能够对未来产生一点点的改变。

　　即使他们不是科学家，不会对世界做出显而易见的贡献，他们的作品也许不是那么成熟、完善，但他们的作品是珍贵的，是一笔财富。他们的作品呈现出他们对未来产品设计的思考与展望，呈现出他们对未来世界的探索与试验，呈现出他们对人们生活方式的关注和对社会问题的思考。他们的作品具备设计研究价值和未来商业价值。

　　本书收录 48 名设计师的 51 件作品，其中大部分为毕业设计作品，全部为产品实物。还有很多优秀的作品没有收录，希望后面可以补足，也希望设计师引以借鉴、总结与思考。

01 / Touch me ——智能与交互游戏

作品名称：Touch me 便携智能音箱

设 计 师：刘科

作品材质：3D 打印树脂、金属、综合材料

设计时间：2017 年 05 月

音箱是日常生活中出现频率很高的电子产品，在音箱越来越普及的同时，产品同质化的问题也非常严重。

我从音箱的操作方式入手，让人可以通过轻松有趣的手势操作来控制音箱。音箱的操作方式与外形和功能协调一致，给用户玩具般的交互体验。音箱配备无线充电底座，充电的同时不影响旋转或按压操作。面罩可私人定制图案和内置歌单，配合家居台式音箱（能单独使用的一体式音箱）能够播放私人专属的歌单音乐，使用户获得操作黑胶唱片般的仪式感。这丰富了产品的可玩性，让产品的使用成为日常生活中充满趣味的亮点。

音箱作为常见的电子产品，在生活里被人们广泛使用。随着产品技术进步和使用场景的拓展，音箱的操作方式也在不停地改变，从传统的按键滑块到手势滑动调节，再到语音甚至动作表情识别，这些变化让音箱的操作更方便快捷，符合人的使用习惯。这更多的是在功能上追求人机交互的效率、准确性等，但人和音箱等同类产品产生呼应的地方是很少的，都是被提前设置好，等待触发。实际上，人的手势、语音、表情等包含的信息和情绪是非常丰富的，如果在人机交互中，通过它们建立起产品和人在功能之外的情绪共鸣和反馈，产品的用户体验将会上升到新的层次。相对于语音、表情等，受到语言种类、人群口音、空间环境、机器 AI 水平的限制，手势是人最自然的直接感受外界事物的方式，简单的手势也能被赋予丰富而细腻的情绪和指示信息，所以我选择它作为设计的切入点。

操作 Touch me 只需要几个简单的手势。按压音箱顶面的扇形区域可以切换、暂停或播放歌曲。用手慢速旋转整个音箱，能改变声音的大小。快速地转动音箱便可以像玩转盘一样随机播放音乐。这些简单的、下意识的操作是基于人对音箱飞碟外观的直观感受，它和操作方式、产品功能、用户心理都是相互契合的。这些方式来源于对人试探外界物体的观察。我们面对一个不倒翁玩具时，用手触碰它，轻微用力试探，不倒翁摇晃后还原，我们的整个动作是下意识的。不倒翁摇晃的幅度能反馈我们施力的大小，触碰打破平衡的状态，不倒翁最终回归到初始。这种摇晃的视觉反馈和触碰的动作是生动而形象的。在用户试探触碰 Touch me 的过程中，音箱实现音乐播放 / 暂停的功能，打破有声与无声的平衡状态，通过顶部的三个扇形分区，延展出切换上下曲的功能。同样，在人面对转盘或者陀螺的时候，拧转的动作和对结果的期待是同时发生的。旋转的速度是直接的视觉反馈，人的参与感很强，这个过程被我设计成了慢速旋转音箱改变音量，快速旋转音箱可随机播放音乐，符合人对动作的预判和对物体的观察。这些动作和心理最终塑造出了音箱飞碟状的外观，也提供给用户更大的手势触摸面积。

基于飞碟状蓝牙音箱的平衡造型，内置的双扬声器和电池都是对称十字分布的。为了保持整个机身的平衡，底部用金属做配重块，让音箱摇晃的反应更迅速，也更加稳定，中间核心是 Microduino 的智能模块，主要实现的是陀螺仪的功能，对音箱自身旋转速度和平立面晃动幅度进行感应，实现手势控制功能。为了不受插头充电的限制，音箱最底部装配了无线充电接收板，保证音箱在旋转时还能持续充电，让充能的过程融入在日常操作中。

最终的材质实现是 3D 打印的树脂外壳和喷漆上色，音箱顶部旋转排列的孔洞辅助声音的扩散。我用木头做的多个手工模型对机器底部弧形和机身直径大小进行筛选，找到最合适的尺寸和弧度，使音箱能够被方便地放入随身的包具中，配合笔记本电脑等电子产品使用。

对于 Touch me 的延展，我做了黑胶唱片电子化的尝试，黑胶唱片作为 20 世纪最重要的声音承载媒介，虽然在 20 世纪末受到 CD、数字音乐的冲击，但因其对音乐更有仪式感的保存和播放方式，黑胶唱片在 21 世纪初又迎来了复苏。在快节奏的现代生活里，年轻人追求更个性的表达，对黑胶唱片的尝试和追逐迅速增多。但由于黑胶唱片不菲的价格和操作调试的复杂性，很多人望而却步。我想在蓝牙音箱这个大家普遍接受的产品上做些尝试，让用户获得部分使用黑胶唱片的体验。

我将 Touch me 面罩设计为旋转卡扣结构，可拆卸和替换，面罩可以定制图案和内置电子歌单，通过 NFC 与配置的家居音箱底座感应，播放专属的歌单内容。面罩感应和操作的方式还原黑胶唱片的形式，在家居音箱底座顶面有可以旋转的底托，底座背后的折叠杆和 Touch me 顶面中心接触时便开始旋转，整个过程保持听音乐的仪式感和形式感。电子歌单可以通过 NFC 进行修改，在朋友聚会等场合进行音乐分享和交流。

家居音箱底座使用中密度板并进行烤漆，保持和 Touch me 相同的白色质感和孔洞元素，配置两个 1 寸高音喇叭、两个 3 寸中低音喇叭和一个 3 寸重低音喇叭，可以作为单独的室内音箱使用。相比 Touch me 的便携定位，它有更好的音质体验，和 Touch me 进行配合，强化了功能，也丰富了使用场景。

未来延展上，Touch me 可以承载更多手势的情绪和功能表达，例如抚摸、揉捏等更具生命力的互动，加入更多给手势触摸带来不同体验的材质，不断挖掘手势动作与人的情绪和产品的材质、外形、功能的统一，建立功能之外人与产品更深的关系。随着技术的进步和成熟，Touch me 也可以配合语音、表情、动作等识别，通过 AI 与数据行为分析带来更好的用户体验。

旋转音响切换歌单与调节音量

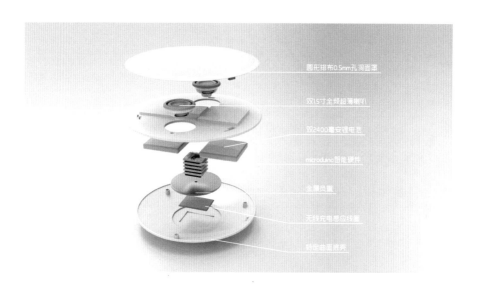

圆形排布0.5mm孔洞面罩

双1.5寸全频超薄喇叭

双2400毫安锂电池

microduino智能硬件

全腔共鸣

无线充电感应线圈

蜂窝曲面背壳

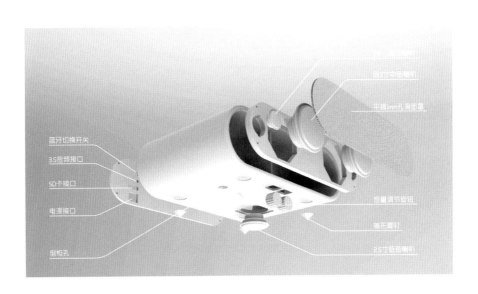

蓝牙切换开关

3.5音频接口

SD卡接口

电源接口

倒相孔

2寸宽音喇叭

平镜1mm孔洞雷管

音量调节旋钮

镀铬螺钉

2.5寸低音喇叭

笔记：

"

**设计是感受事物间关系、认知事物本质
并洞悉规律后的一种尝试。**

"

刘科

1995 年　出生于四川省成都市
2017 年　中央美术学院产品设计专业本科毕业
2020 年　英国中央圣马丁学院工业设计硕士在读
就职于北京文礼经典文化有限公司，任产品设计总监

展览
2015 年　中国学生玻璃作品展
2017 年　树德生活馆央美优秀毕业设计特别展
2018 年　广州家具展

02 / TimeCode —— 产品"记忆"

作品名称：TimeCode
设 计 师：王星元
作品材质：综合材料
设计时间：2018 年 05 月

人是一个有距离的生物：他永远在他自己之外，他的存在在每一瞬间都向将来敞开。
将来是"尚未"，而过去则是"不再"；这两个否定——"尚未"和"不再"，贯穿他的存在。
——马丁·海德格尔《存在与时间》

　　提及未来产品，不免要涉及电子智能产品、互联网产品、物联网、概念产品等。这些建立在技术基础上的未来产品，能处理庞大的数据，让我们的生活智能化。但在具备这样的功能的同时，产品注定会在一段时间内见证自己的衰老。科技带动了产品的多样化，同时也带来了很多伪需求的设计。庞大的数据实际上并没有产生价值。而在这样的社会中，越来越快的生活节奏和人们普遍焦虑的现象都说明，我们丧失了与自己对话的时间。

　　趋势化的未来产品则是一种拥有未来属性且存在于当下的产品。自我是人类永远探究的主题。在此研究中，我想要探讨一种产品与自身的联系，产品是否能够在真正意义上带给我们对自身的反馈，包括有形的与无形的。而无形的反馈正是产品与人们之间碰撞所

产生的火花。在基于有形的、不脱离我们生活的基础上，寻求一种真挚的无形，人与产品的关系将被打破、重组，当对产品的需求来自对自身真挚的需求时，产品更像是融入生命的一部分，当未来产品始终与使用者同步时，它既不被超越，也不被贴上带有未来感的标签。

　　TimeCode 是有关时间痕迹的产品，它基于对过去、当下和未来生活趋势的分析，针对大量的信息和图像，快节奏生活和普遍焦虑，对自我存在的思考与和自我对话的时间的消失，聚焦时间图像、与自我的关系。在此过程中，我们对存在的理解不断更新。

　　TimeCode 用来记录物理痕迹，输出情感痕迹。

物理痕迹，即时间经过我们的痕迹。在艺术家诺亚·卡利纳（Noah Kalina）的作品 *Everyday* 中，他每日为自己拍一张肖像，历时 12 年并还在持续。这件作品引起了人们对于时间、自身与存在的思考。而这种思考是我想通过 TimeCode 带来的，TimeCode 帮助我完成持续记录的行为。在设计中，钟表不是测量时间的唯一形式，它是如同时间一样混沌，并承载时间的产品。从时间出发，用持续的、有仪式感的产品端交互记录时间经过我们面部的痕迹，即时间作用于我们的直观痕迹。这种自拍的形式记录下我们的面部，而面部是我们最直接深入内心的部位。剥去社交网络的外衣，自拍更趋向于真实的表达，甚至我们的喜怒哀乐都会呈现在此图像中。此过程中，它也对我们产生一种提示性的效应，做这件事情的人会对时间给予更多的关注与思考。我们记录时间流逝本身，也对这种记录产生思考。而这种思考的建立是与自身的对话，日省吾身，日善吾身。镜子则是搭建自我意识最直接的媒介，照镜子的行为自然产生持续交互的契机，通过产品自然地产生记录行为。

情感痕迹，即我们经过时间的痕迹。摄取图像的便利方式、社交网络、过载的数据等都使得图像的意义更加模糊。当我们翻看家中老相册时，才明白自己已经被卷入图像的漩涡。TimeCode 想要回归 20 世纪人们对待家庭相册中每张照片所持有的情感，回归对图像中时间痕迹的思考与保留，同时也是对抗图像的漩涡。用户通过 TimeCode App 上传对自己而言有价值的图像，App 利用图像数据，找到这些数据中隐藏的情绪线索，生成相对应的、可被解读的符号，使用户可以读出图像的大致情感痕迹。通过 TimeCode 输出打印符号，同时也可以直接通过符号检索到对应的图像。某张图像标注的线索又可连接到其他"记忆库"，为记忆的触发提供了新的方式。随着记录的增加，逐渐形成一个符号的"老相册"，回忆更为私人化。记录是一种关联着"尚未"的行为。对于过去的"不再"，我们将它封存在图像之中。我们记录过去，用文字、图片、影像留下一些我们经历时间的痕迹。

TimeCode 是使用者与时间一起决定的，本意是给予自己更多时间去重新审视我们的存在。心情、感情，领会、理解，言语，被认为是人存在的三个重要特征。在每一种心情、感情中，我们都以一定方式认识自己，领会和理解是一种展开，我们没有这种展开就无法存在，存在总意味着超越自己，而言语则是领会后才有的，甚至是沉默。存在是我们习以为常却总被忽视的，Timecode 的设计正是围绕着这些存在的基本感受，针对一直以来我们进行自我探索的本能，以及现阶段和未来生活而设计的。以图像作为承载时间的载体，从而带给我们对自身的回馈。

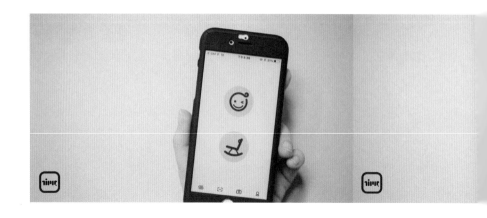

初做这个设计时，我并没有从一个具体、实在的问题出发去设计，而是选择了一个在生活中始终存有疑虑和不断思索的抽象问题。我不得不面对它，这是一个很重要却被忽视的问题。它可能不够具体，但很实际。

当我开始频繁地思考"意义"时，必然会思考存在，而思考自身存在的问题必然要讨论时间。有那么一个瞬间，我觉得，若不去想这个问题，就没办法去思考我所处的环境中的所有其他问题。这关乎我所构建的认知世界和我身为一个人站在地面上的问题。

我们学习并了解在这个社会中一切事物是如何运作的，但我们的一切认识都有一个起点，都是要从"我"来展开，从"我"出发来感知一切。在"我"出生和死去的期间，我存在于空间当中。我又如何去感知"我"，如何去感知时间呢？

"我"拥有一些过去的经历，"我"会老去，这是我认为最难把握的，是所有想法的开始。

"过去的经历"和"'我'会老去"是关于记忆和衰老的问题，是较为具体和实际的问题，设计将会被拉回待解决的现实问题中。

图像是我认为最直接的载体。记忆拥有场景与画面，衰老同样肉眼可见。图像是记忆和衰老的痕迹。设计要做的则是如何去捕捉这两种痕迹。

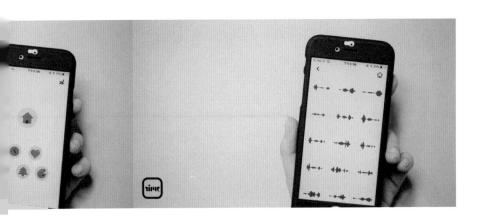

　　在过去，我们利用相册、日记来记录经历。每次在翻看家里的老相册时，过往的经历像是一个个刻度，参与记忆。记忆可以变得模糊，但经历是可靠的。 现在过于便利地摄取图像反倒使经历丧失了意义，大量的图像挤满手机相册，随着手机的更换或遗失逐渐被忘记。记录不再几经思索，不再饱含意义，不再可能被裱装或上锁，记录不再珍贵。经历在这种记录下变得扁平化。

　　美颜相机的功能是对肖像的记录和对老去的模糊。直面衰老不是要克服对皱纹的焦虑，而是直面属于你的时间在逐渐消逝的事实。在当下快节奏、同一性的生活中，人们很少有机会去思考过去的经历，思考老去，思考此刻的经历。我想用设计将这个问题表现出来。这个产品有关记录痕迹，有关图像，有关时间，有关存在。

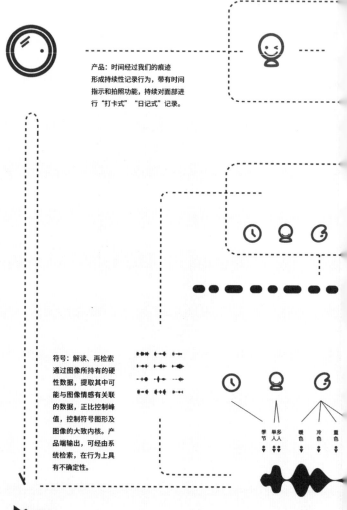

产品：时间经过我们的痕迹
形成持续性记录行为，带有时间
指示和拍照功能，持续对面部进
行"打卡式""日记式"记录。

符号：解读、再检索
通过图像所持有的硬
性数据，提取其中可
能与图像情感有关联
的数据，正比控制峰
值，控制符号图形及
图像的大致内核。产
品端输出，可经由系
统检索，在行为上具
有不确定性。

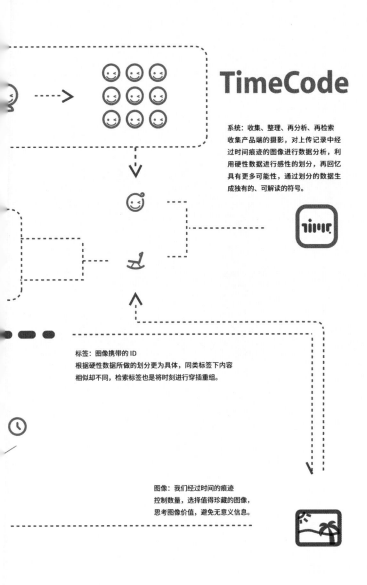

TimeCode

系统：收集、整理、再分析、再检索
收集产品端的摄影，对上传记录中经
过时间痕迹的图像进行数据分析，利
用硬性数据进行感性的划分，再回忆
具有更多可能性，通过划分的数据生
成独有的、可解读的符号。

标签：图像携带的 ID
根据硬性数据所做的划分更为具体，同类标签下内容
相似却不同，检索标签也是将时刻进行穿插重组。

图像：我们经过时间的痕迹
控制数量，选择值得珍藏的图像，
思考图像价值，避免无意义信息。

"

设计是一种负责任的表达。

"

王星元

1995 年　出生于甘肃省平凉市
2018 年　中央美术学院产品设计专业本科毕业
2018 年　就职于 INWA Design，任新媒体艺术设计师
2020 年　就职于 StudioHVN，任产品设计师

展览
2019 年　中国（无锡）国际设计博览会

03 / 其实我们并不孤独 —— 数字化情感

作品名称：旅伴

设 计 师：张文婷

作品材质：综合材料

设计时间：2019 年 05 月

我设计的这把特殊的伞就像一个亲密的朋友，可以给路途带来很多乐趣。

　　这把特殊的雨伞就像它的名字"旅伴"，不仅有基本功能，还可以提供一些有趣的体验。

　　人们可以租这把伞，与所有使用同一把雨伞的用户分享音乐。人们租用这把雨伞的一些地点的服务会被排名。

　　雨伞结合了手机 App，从而实现有趣味性的功能。

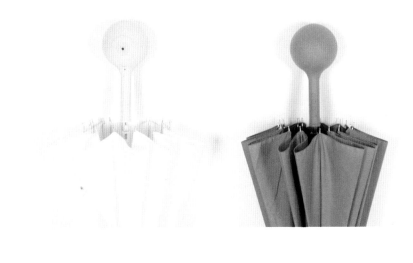

Travelling Companion

对旅伴这件作品来说，我希望它能给大家带来一点温暖的陪伴。以前我时常想，我要做出一个设计，让大家觉得"哇！这好棒！这也太有趣了吧！"。但是后来我发现，大概我是一个不够有趣的人吧。所以我就放弃了，我觉得也没必要一定成为一个很幽默的人。

其实我很少会有孤独感，我一个人的时候也能获得快乐。我朋友总会和我说："我觉得你一个人的时候好孤单啊，你真的不需要我陪你去做某件事情吗？"她们总会觉得一个人去做某件事就太孤独了，太难过了。她们把孤独这个词理解成贬义词，她们不喜欢这种状态，也不想别人认为她们没有他人的陪伴。这种被关心的话听多了，我就会想："为什么大家都会觉得我很惨呢？其实我觉得我挺快乐的。"后来我想到，这会不会是因为大家本身不喜欢独自一个人的状态，才会理所当然地认为别人在这种情景中也会觉得没有人可以诉说，会觉得很孤单，很难过？

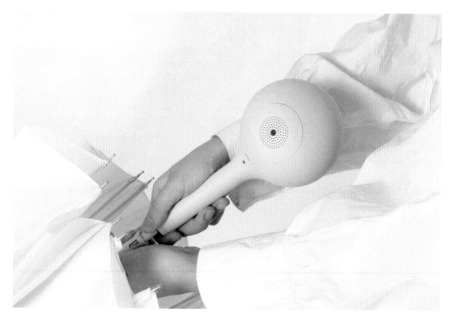

所以我就想，我是不是可以做一件产品，让大家一个人在路途中的时候不会那么孤单呢？所以这件作品就有了它的灵感来源了。我从别人对我的看法中，提取了他们的内心需求，整合了我想要解决的问题，然后进行数据调研及分析。我思考我要怎样做，才能比较轻松自然地解决这个问题，从而满足使用者的功能需求和情感需求。

　　一开始做项目的时候，其实很不顺利。当时的我是一个没什么全局观的人，但同时我又觉得自己是能做好的。那么问题就来了，我会很容易陷入钻研细节的坑里，而且我提出的解决方案也很生硬，强行把没有联系的载体和手段结合起来。在项目的初期，也就是确定方案的那个阶段，我的导师给了我很大的帮助，在她的引导下，我的项目才能正常运作起来。同时我也发现了自己的思维有很多不顺畅的地方，存在很多毛病。做设计不应当使蛮劲，应该寻找设计落点。一名优秀的设计师可以用最轻松的方式和手段解决最难的问题。当然，这实在太难了。

现在回看这个作品，我认为它值得一提的是，它在我的设计理念形成的过程中扮演着一个不可或缺的角色。尽管它有很多缺点，也许不太尽如人意，但是它确实为我形成和发展设计思维和设计风格做出了很大的贡献。我希望，我做的设计并不是冷冰冰的。在有意义的设计主题方向下，我希望我做出来的产品是可以给人们带来更多温暖的。

你看呀，这一个小小的东西，其实它蕴藏着很多人的人文关怀。希望你未来的某一天有机会遇见它的时候，它可以给你带来一些慰藉和快乐。我们并没有那么孤独，与我们相熟的或不相熟的人其实都在默默地用他们的方式温暖着我们。在制作它的过程中，我遇到了很多困难，但也收获了很多。我的良师益友都给了我很多建议和意见，最后我也收获了一个满意的结局。但是我在设计的路上还需要努力向前进，路漫漫其修远兮。

也许我在未来的某一天也没有办法成为很幽默的、才气四溢的人，但是希望我和我的作品可以给人们带来一丝温暖。

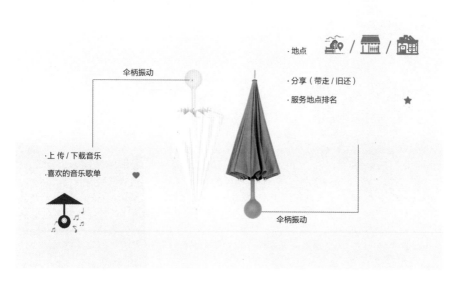

"

实现产品以最简单的使用方式满足用户的多方面需求。

"

张文婷

1997 年　出生于广东省佛山市
2019 年　中央美术学院产品设计专业本科毕业
2020 年　德国工业设计硕士在读

展览
2016 年　河间玻璃大赛及优秀作品展览
2017 年　河间玻璃大赛及优秀作品展览
2019 年　世界工业设计大会暨国际设计产业博览会

04 / Face Tracker —— 设计师品牌与智能交互

作品名称：Face Tracker 定向音箱
设 计 师：杨倩仪
作品材质：塑料、纺织面料、电子元件
设计时间：2019 年 05 月

Face Tracker 是一款定向传声的扬声设备，它能让声音追踪你定向播放，带来传音入密的聆听体验。在音场范围内，你可以独享外放音频，不用担心自己成为噪声制造者。音箱通过蓝牙连接电子设备，播放音频，使你摆脱耳机的束缚，独自享受喜爱的音乐。你还可以设置闹铃，让音箱只唤醒你一人，不会干扰到他人。

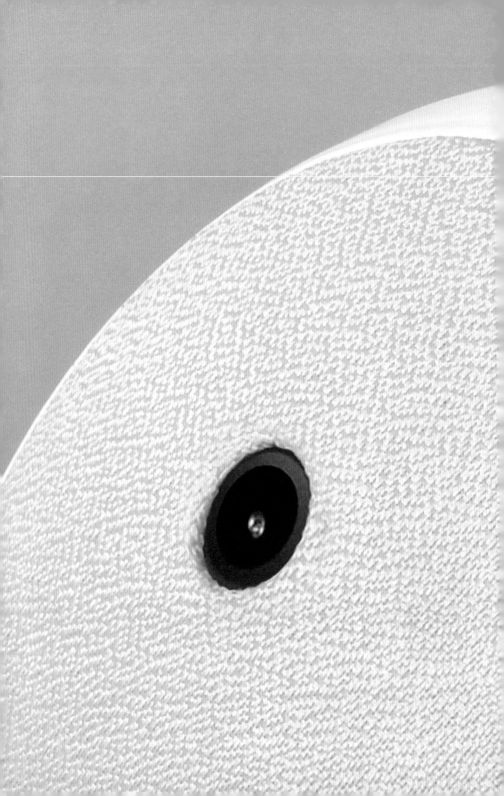

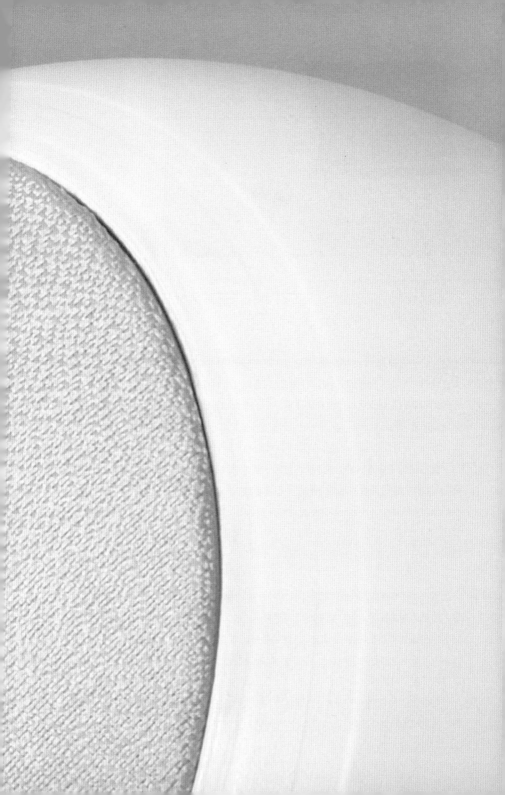

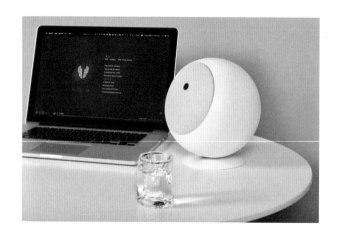

我们一直在说，好的设计是能给用户带来好的用户体验的。那么怎样才是好的用户体验？对我来说，最好的交互是自然的，它可以让人意识不到设计的存在，符合直觉，让用户在他们所在的场景里可以最便利地使用产品。毕竟，不好用的产品很快就能被发现，当用户打开百度搜索"为什么××按了开关没反应"并感叹这是个什么反人类设计时，一切就都晚了！

定向音箱是我本科的毕业设计，它源于我大学的宿舍经历。集体宿舍里面作息不同的浅眠室友与吵闹室友之间很容易产生矛盾，"室友很吵，不顾及他人感受，是一种怎样的体验？"与"已经把噪声降到最小，浅眠室友还是觉得吵，怎么办？"两种问题同时存在，代表着双方的矛盾与痛苦。早上闹铃炸响，唯独叫不醒本人；说出"我要睡了，小声一点"之后，不是所有人都愿意戴上耳机，停止外放。如果不借助耳机，如何让电子设备发出的声音只有本人能听到呢？

或许，让声音有方向地传播是个解决的办法。如果让外放声音和闹钟铃声只朝着本人播放，可听声范围外的其他人就不会接收到不属于自己的声音了。我研究了一种定向传声技术，它是利用特定技术将可听声调制到超声波频段，利用超声波的指向性特点来实现定向传播。通俗来说，就是把可听声波搭载到超声波上，因为超声波会被人耳自然过滤，留下可听声使人耳能够听到，这样便实现了可听声定向传播的功能。

我便将这种定向传声技术与音箱结合，并且要让喇叭可旋转，一直保持朝用户发声。但让用户局限在可听声范围内活动是非常不方便的。如果让音箱跟踪事先载入的人脸，用户就能像

平常一样活动，保持原有的生活模式，不需要多余的操作。电脑、手机等电子设备通过蓝牙连接到音箱之后，外放声音不再是问题，设的闹铃也不用及时关掉。

从央美毕业之后，我便前往伦敦艺术大学学习交互设计，也常常在思考作为一名设计师，我应该从什么方向思考，来改善用户体验，同时我也在探索宁静技术与无界面设计。我们容易混淆 UI 和 UX 这两个概念，就像戈尔登·克利希那（Golden Krishna）在《无界面交互》里说的，UI（User Interface，用户界面）不等于 UX（User Experience，用户体验）。UI 关注的是导航、菜单、按钮、图标、滑动效果、弹出窗口等，而 UX 关注的是人、幸福、理解需求、温暖、便捷、生产力等。我们如果一发现问题，就设计界面来应付，那么只会得到更多界面，而非更好的用户体验。

我相信每个设计师或多或少都有过改善世界的愿望，那么我们可以从发现隐藏于生活中的"违和感"着手，不错过日常生活中一个个看似无关紧要的小问题。马克·维瑟（Mark Weiser）说过："最深刻的技术是那些已经消失的技术。"当我们学会制造处理我们无意识细节的机器，让技术在背后不动声色地为我们服务，把我们的精力从不必要的工作中解放出来，那时候，我们就能腾出手来，去探索广阔的天空与人类自身。

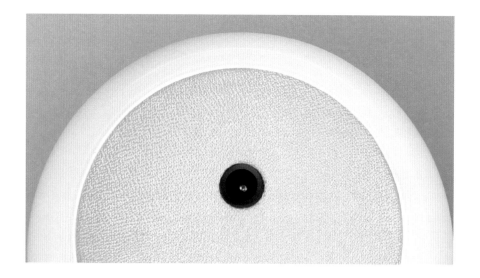

"

好的交互设计是使用上符合直觉，让人感觉不到设计的存在。

"

杨倩仪

1996 年　出生于广东省广州市
2019 年　中央美术学院产品设计专业本科毕业
2020 年　英国伦敦艺术大学传媒学院交互设计硕士在读

展览
2020 年　V&A 博物馆 Friday Late: The Eye
2020 年　伦敦设计周 2020

05 / 暴力闹钟 —— 智能提醒产品

作品名称：暴力闹钟

设 计 师：陈阳

作品材质：综合材料

设计时间：2018 年 09 月

现代生活中，人们每天都会接触到大量的信息流，在摄入各式各样信息的过程中，时间总是飞速流逝。每天夜里躺在床上，人们总是会不自觉地在睡前花大量时间玩手机，直至影响睡眠。

　　自制力较差的人虽然有手机陪伴到深夜，但也希望有办法可以改善这种状况，这时一个暴脾气的闹钟会通过刺激听觉迫使他把手机交出去，早上则变成正常闹钟把他叫起床，在不增加额外的产品的同时，解决睡觉难的问题。

　　暴力导致的不自由的背后是否是更大的自由呢？

设置0点睡觉 · 设置0点睡觉 · 再设置8点起床

再设置8点起床 · 夜里打游戏中 · 崩溃

终于停了 · 偷偷拿出来 · 我天

只能睡觉了 · 早上只需拿出手机即可

产品使用与交互状态

好的设计应该是将无意识的行动转化为可见之物

陈阳

1996 年　出生于江西省吉安市

2019 年　中央美术学院产品设计专业本科毕业

现于 UDL 担任设计师

2021 年　获 GoodDesign 奖

2021 年　获 IF 奖

06 / TOY-BOX —— 智能收纳计划

作品名称：TOY-BOX 智能儿童玩具分类收纳装置
设 计 师：马鑫
作品材质：密度板、亚克力、Microduino 开源智能硬件、NFC 不干胶贴片
设计时间：2017 年 05 月

说到儿童，人们常用的词语有纯洁、天真、随性等。情绪波动、不稳定是人的常态表现，这也决定了人难以长时间坚持做一件事情，尤其是枯燥的事情，比如整理玩具。没有孩子不喜欢玩具，但是几乎没有孩子愿意去整理玩具。年轻的父母缺乏经验，常常采用批评教育等方式去命令孩子。然而严厉的说教有时候可能会激起孩子的逆反心理，既达不到收纳整理的目的，又不利于亲子之间和睦相处。

TOY-BOX 是一个智能儿童玩具分类收纳装置，是新科技背景下的产物，它试图去改变传统的玩具分类与收纳的形式。我在设计中加入了交互设计的元素，依托智能硬件，用奖励机制来代替传统的说教，以实现让孩子自主分类与收纳玩具的目的。

TOY-BOX 构建了一个良性循环系统，主要由三个载体构成：怪兽箱、小果、监测 App。通过它们三者之间的信息传递与处理，最终达到孩子收纳习惯养成、奖励和引导的目的。

TOX- BOX 使用步骤如下。

1. 选择 Pokémon。在 Pokémon 图鉴中选择心仪的 Pokémon，开启收纳之旅。

2. 设置分类 . 将 NFC 贴纸贴于玩具表面，完成玩具信息录入。

3. 玩具收纳过程。将玩具置于 Pokébox 嘴部进行识别，方可投放进箱子中。

4. 数据同步。Pokéball 实时接收来自 Pokébox 的收纳数据，并同步到 Pokémon App 中。

5. 收纳统计。根据收纳规则计算收纳率并统计规律曲线。

6. 亲子交换礼物。积分影响 Pokémon 成长，完成周期任务后获得奖励。

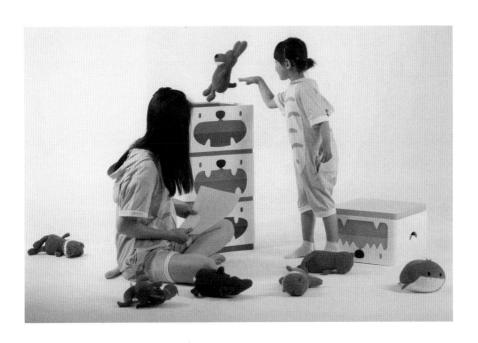

笔记：

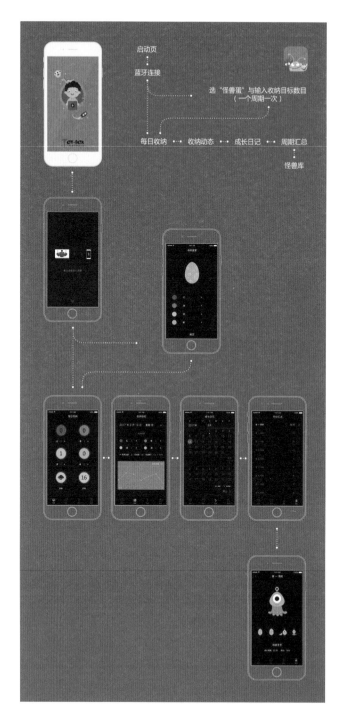

启动页

蓝牙连接

选"怪兽蛋"与输入收纳目标数目
（一个周期一次）

每日收纳 ··· 收纳动态 ··· 成长日记 ··· 周期汇总

怪兽库

手机 APP 操作收纳流程

"

工业设计是以用户为中心的设计，用户体验和人机交互是产品的核心，能否准确把握用户心理和使用情景是产品设计成功与否的关键因素。

"

马鑫

1994 年　出生于河北省

2017 年　中央美术学院产品设计专业本科毕业，在校
　　　　期间多次获得优秀作品奖、优秀学生干部
　　　　奖、奖学金等

2015 年　受邀参与北京国际设计周，被评为 751D-Lab
　　　　年度最具潜力工业设计师

2017~2020 年　参与智慧机场 3.0 项目建设，先后完
　　　　成多个五星机场场景的智能硬件屏显
　　　　示终端和 AIot 的搭建

2020 年 7 月　入职艺旗科技，担任硬件产品经理，主
　　　　要负责素质教育类智能硬件的设计和
　　　　研发工作

07 / 儿童音乐枕 —— 交互益智

作品名称：儿童音乐枕
设 计 师：李传煦
作品材质：综合材料
设计时间：2017 年 05 月

智能化的产品设计是由现代通信与信息技术、计算机网络技术、智能控制技术汇集而成的针对一个创造性的综合信息处理过程的应用，通过多种元素如线条、符号、数字、色彩的组合，把产品的形状以平面或立体的形式展现出来。

这个课题主要想为 0~4 岁的孩子做一个早教玩具。通过调研发现，这一年龄段的孩子喜欢肢体探索与接触，喜欢发现新事物。用一件东西击打另外一件东西会让孩子听到令之满足的声音，他感到开心是因为他自己制造出了声音，然后他开始乐此不疲地重复。因此，我设计了既让孩子玩得开心又能让他在开心之余接受早教的玩具——儿童音乐枕。结合抱枕的产品功能，根据孩子喜欢拍打东西这一特点，再结合音乐，激发孩子拍打的兴趣。在实物制作阶段，我前往北京市通州区的一家小学，在那里我找到了一个 4 岁半的孩子，请他试用这个儿童音乐枕，他对拍一拍儿童音乐枕就会听到音乐感到好奇，并且乐此不疲地拍打。这个年龄段的孩子喜欢听儿歌，并且会很开心地跟唱。根据这一点，我觉

得可以通过抱枕里的音乐来教孩子唱歌，而针对年龄更小的孩子，可以通过早教音乐实现音乐启蒙教育。儿童心理学的研究发现，不同年龄段的孩子对个人意识、颜色、形状和声音有不同的需求和不同的接受能力。由于调研条件有限，我只能得到 0~4 这一年龄段的孩子的使用反馈。

设计儿童音乐抱枕的灵感最初来源于我的表妹，我在上大学期间，每周会去舅舅家过周末，在我的表妹 3 岁左右的时候，我送了她一个音乐早教玩偶，就是那种拍一下会自己唱歌的玩偶。表妹非常喜欢它，每天爱不释手，但是没多久玩偶就被她摔坏了。舅舅经常笑着跟我说，这个年龄的孩子正是破坏力极强的时候，对东西摔摔打打是常有的事，而且动静越大，孩子越兴奋，每天制造噪声不说，总有东西被破坏。听舅舅这么一说，我顿时萌发了一个想法：设计一款能在保护孩子安全的前提下，让孩子摔不坏又有早教意义的智能儿童音乐早教产品。

据调查，80% 的家长会给孩子买早教产品，点读机、点读笔和儿童平板电脑是现在儿童早教的主要智能产品。但是年龄较小的婴幼儿显然没有能力去使用这样的产品。孩子接受启蒙教育必须是在生理和心理发育到一定程度的时候。美国芝加哥大学著名心理学家布鲁姆在 1964 年出版了《人类特性的稳定与变化》一书，提出了有名的智力发展的假设：5 岁前是儿童智力发展最迅速的时期。所以开发儿童早教产品是十分有必要且有意义的，尤其是对婴幼儿的早教。

要想给特定的人群设计产品，必须了解他们的真正的需求。儿童不像成人一样拥有完整、成熟的表达能力，甚至他们也不知道自己的意图，研究者往往需要通过研究他们的心理才能了解到他们的思想。我在调研的过程中翻阅了有关儿童心理学的书籍和资料，发现不同年龄段的儿童有着不一样的习惯和行为。促成这种现象的原因就是随着儿童不断成长，他们知道的东西越来越多，他们会做出不一样的行为来表达他们对这个世界的认知。我发现 3 岁前后的幼儿喜欢做拍打的行为，因为处在这个阶段的幼儿开始有了自我意识、意愿、意图。他们开始好动，对这个世界感到好奇，同时伴随着他们身体各个器官的发育成长，他们想要探索世界。他们经常发现新事物，当他们发现用一件东西击打另一件东西会发出声响时，他们感到骄傲和满足，因为他们可以自己制造声音，然后他们会开始乐此不疲地一遍遍重复着这样的动作。

其实智能化的概念进入人们的生活之中也不过短短七八年的时间。儿童早教产品的市场主要取决于家长的决断，近几年随着 iPad、VR 设备等智能产品的广泛流行，儿童接触智能产品的机会越来越多，更重要的是，智能产品中具有早教作用或者英文启蒙作用的应用使得家长十分

乐意让孩子使用该产品。但是儿童是缺少自制力的群体，尤其是年龄尚小的孩子，若是沉迷于游戏，则会损坏视力，是不利于孩子成长的。有的家长会选择幼儿启蒙教育培训的在线课程，这有一定的好处，但不利于孩子的亲身体验。所以智能儿童早教产品的设计和开发是十分有潜力且有意义的。

儿童音乐早教是儿童早教中最重要的项目之一。2~3岁的幼儿对鲜明而有特点的节奏、音响和舞蹈律动具有浓厚的兴趣。节奏性活动是幼儿阶段主要的音乐活动。幼儿的发声器官尚处在发育初期，听觉分辨能力也在逐渐发展，因此，他们在开始歌唱时，往往不易唱准音调，而且音域较窄。幼儿阶段是音乐感受能力，特别是听觉能力发展的关键时期，我们应通过各种综合性艺术活动开发幼儿的音乐潜能。而且音乐启蒙教育可以开发他们的右脑，提升他们的智力。此外，早教音乐对于激发幼儿的创造力和想象力也是有好处的。比如，一段轻快跳动的音乐可以让幼儿联想到小兔子欢快地一蹦一跳；摇篮曲等安眠的古典音乐能让幼儿感到平静，想到妈妈的轻抚和呢喃低语声。幼儿对这个世界的认识尚不完全，健康的音乐在一定程度上可以培养孩子良好的性格，帮助其形成健康向上的乐观心态。

笔记：

"

设计既是名词，又是动词。动词的设计是指产品、结构、系统的构思过程；名词的设计，则是指具有结论的计划，或者执行这个计划的形式和程序。从事设计的专业活动的个人，就叫作设计师。做设计其实就是为了解决问题，设计师的工作就是不断发现问题，然后做出计划去解决问题。

"

李传煦

1994 年　出生于湖北省武汉市
2017 年　中央美术学院产品设计专业本科毕业
2019 年　英国皇家艺术学院产品设计专业硕士毕业
现生活于武汉市，就职于湖北工业大学工业设计学院，
任设计基础与理论系部教师

展览
2015 年　第七届为坐而设计
2018 年　意大利米兰设计周
2018 年　英国皇家艺术学院 WIP SHOW
2019 年　英国皇家艺术学院 Graduation Show

08 / 表情椅 —— 科技与情感

作品名称：互而生之：一个关于久坐行为的思考
设 计 师：陈少华
作品材质：综合材料
设计时间：2017 年 05 月

数据的可视化可以用来描述事物的发展进程，例如时间、状态和内容。如果人的行为可以用图像的方式表现出来，则可以解决很多问题，并且带来更为直观的感受。出于这个想法，我决定做一款或一系列产品，针对那些习惯处于某种状态的一类人群，将他们的行为转化为可视化的图像，继而将其传达给其他人，以此引起关注与思考。于是我选择了习惯于久坐的人群。

对于久坐习惯，我用可视化的方式去呈现这一无意识的行为习惯，让自身以及周边更多的人去了解和认识这一行为发生的过程，去关注生活中的细节。设计理念把社会理性的思考转化为可实现的设计，从而满足人的合理需求，我希望通过激发用户心理来改变用户行为。久坐人群通过使用产品，开始重视这一习惯，并且开始改变这一习惯，可视化的设计也引起了其他人的关注，增添了人文情怀。将对行为方式的思考转化为可视化与智能家居相结合，真正解决人们的问题。本次课题不仅由久坐的行为方式引发产品的设计，同时行为也需适应技术，产品通过交互的方式缓和并制约人们的行为，引发周边人群的关注与思考。而现在的交互设计大多注重产品与人之间的关系，而忽略了人在使用产品时人与人之间的关系。

《互而生之》智能交互系列产品是我的毕业设计作品。我比较关注情感化的设计产品，于是开始调研一些特殊人群。当调研到老年人和上班族这两类人群时，我发现了久坐这一行为习惯。于是我从座椅入手，希望设计出情感化的交互产品来提醒这两类人群关爱自身健康。但我不希望自己的产品是强制的、冷漠的，它应该是有趣的、人性化的。那么我就从提醒方式上进行再设计，通过可视化的屏幕赋予座椅生命感。座椅可以及时反应情绪，可以有效提醒，同时也能回馈信息，引起身边人的注意。在交互设计中，我更注重关系的重要性，它可以引导我们的行为习惯，产品不仅仅服务于我们，更应是我们生活的一部分。我还记得刚接触交互设计时，自己曾设计过一款智能音响，我当时设计的关键点是音响的开启方式，由常规的按键开关调整为通过移动位置与方向来开关以及改变音量大小。我认为音响有自己的行为习惯，它也可以动起来，这种感觉很奇妙。显而易见，这对我之后的交互设计是有影响的。产品的体验感也是不容忽视的，往往一些很有趣的点就能真正拉近我们与产品之间的距离。每一个细节都至关重要，无论产品的颜色、材质、造型还是连接方式等都能为我们带来不同的感受。

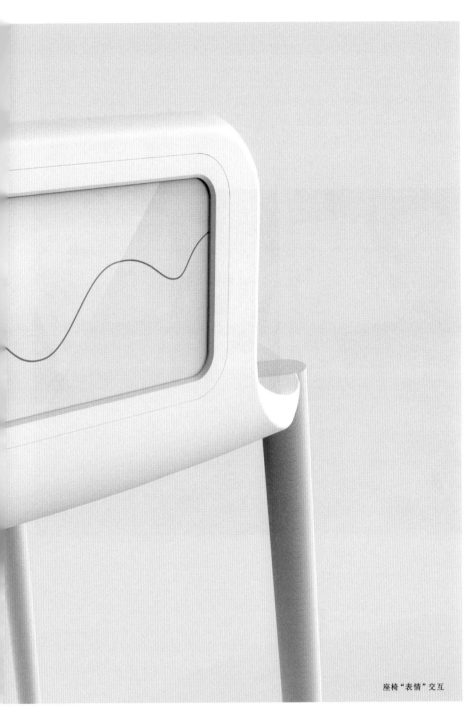

座椅"表情"交互

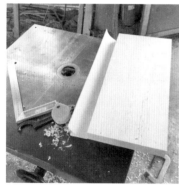

"

设计的美在于发现与思考后，不断融入情感的过程。

"

陈少华

1993 年　出生于河南省郑州市
2017 年　毕业于中央美术学院产品设计专业本科毕业
现生活和工作于郑州市

展览
2017 年　广州树德新锐设计展
2017 年　意思上海设计展
2018 年　中央美术学院广州设计展
2018 年　未来杯 AI 高校设计展

09 / 吸气器 —— 情绪设备

作品名称：吸气器

设 计 师：邓庆

作品材质：ABS 塑料、尼龙布料、综合材料

设计时间：2018 年 12 月

吸气器是心理层面的吸尘器，可以吸走人们身体中的闷气、丧气等负面之气。吸气器一般设置在公共场所，作为一种公共装置存在。

汉语中表达负面情绪时用到的词语中有很多都用到了"气"这个字，例如生气、丧气、出气筒、撒气、窝气、戾气、气愤、发脾气、怒气冲冲、垂头丧气。当我们情绪不好的时候，体内会充满这些"气"。这也是我在设计中采用充气、泄气这种形式的原因。将人体想象成一个容器，人的嘴巴想象成容器的开口。我想通过设计来鼓励人们打开自己容器的开口，就像是爬到了山顶，看到了广袤无垠的群山，想要听到自己的回声一样，轻松地把想释放的负面情绪都喊出来。同时用坐具充当新容器，将负面之气量化。当用户坐下时会听到回声，回声帮助用户以旁观者角度客观思考自己的负面情绪。最后用户起身时，坐具里的"气"开始泄露。此过程也代表了用户会逐渐忘掉带来负面情绪的事情。

当人们心有不快，肚子中憋了很多"气"却无处释放时，可以放下手头的事情去找一个吸气器。大声将自己的"气"呐喊出来之后，就可以好好放松一下。在放松的过程中，人们或许会想到解决麻烦的方法。

吸 气器是我的毕业设计作品。大学四年级开始时，为了开题，我回顾了这几年的生活。其中让我难以忘怀的是有一年暑假和朋友约好一起去旅游，我们提前两个月做好了计划，该花的钱都花了。我心里对这次旅程充满了期待，甚至在做作业感到焦虑的夜晚我对自己默念：没关系，忍一下，到时候就可以愉快地玩耍了。可到了出发的前一晚，朋友告诉我她不能去了，并跟我解释了她不能去的原因。我当时有满腔的愤怒，但我不能对她发泄。那几天我闷闷不乐，有着如同拳头打在棉花上的无力感。最后，我一个人奔赴旅途。这就是我被放鸽子的经历。

　　因此我打算利用毕业设计创作，为此次特别的经历做点什么。一开始我想过几个方向，比如其中一个方案是用来监督双方，帮助双方履行约定。后来我调查了身边朋友关于放鸽子的经历，最后得出结论：放鸽子的人也有不得已的理由，或许有的事情是不能强求的。

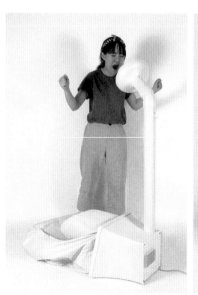

最后我将方向调整为设计一款帮助缓解人的负面情绪的产品。

    我认为嘴巴是人类最原始的表达工具，最原始的表达方式或许是最有效的。但这些年人们对于手机的依赖是有目共睹的，在网络世界进行发泄或许是很多人的第一选择。手机里生动形象的表情包与现实呆滞的表情形成鲜明对比，在现实中人们或许不太擅长表达自己。因此我希望我的设计可以激发人们用说话的方式将负面情绪表达出来。那么有什么形式可以引导人们张开嘴巴？我想到吹气球这个动作刚好和叹气能联系起来。或许我可以设计一个叹气气球？想到这里，我开始激动了："我要开始搞艺术了吗？""不！我要理性一点。"研究了一些同类产品后，我认为调节负面情绪的产品应当既有发泄情绪的功能，还有抚慰人心的作用。最后，我得出了最终方案。还好美院的包容性很强，我的方案没有被晓明老师否决。

    毕业设计不能仅仅是个概念产品，还得实现出来。电路设计和机械设计这些知识都是我未曾接触到的，我也不知道实现起来的具体难度。那时的无知可能对我来说却是有益的。我一心想着要把产品实现出来，为此找过七八个技术人员。有人说太复杂，不做。最过分的是劝我放弃，让我想别的方案。我意识到我必须多想几个实现方案，再去找他们磨

合，只有这样，产品才有可能实现。幸运的是，我找到一个愿意配合我的技术人员，他为我完成电路部分，并改良了机械开关部分的方案。有一段时间因为要调整机械结构的某些角度，我抱着一些零件和铁片往教室和车间来回跑。我这才意识到，生活中一件普通的产品能被流畅使用，是很多人努力的成果。

　　记得第一次将吸气器完整组装起来时我激动不已。我迫不及待地使用它，当我坐上气囊坐具，并把身体的所有重量交给它时，我才舒了一口气。实物制作完成，接下来就到拍摄作品的步骤了。照片中的模特就是我，因为我更清楚作品想要呈现的最后效果。省下和模特沟通的时间后，我顺便还拍了一个定格动画，用于演示产品的使用。出于对作品的保护，我没敢在毕业设计展上向大家开放体验。在 2020 年一月的德国科隆国际家具展上，吸气器第一次被除了我之外的人使用。一些观众通过唱歌来使用，还有通过拍手来发出声响的。也有一些人问我从哪里可以买到这件产品，我很开心，又感到难过。开心的是有人想要拥有我设计的产品，难过的是这是件孤品。我想，我的作品会有一天能被大家买到。为此，我将不断努力。

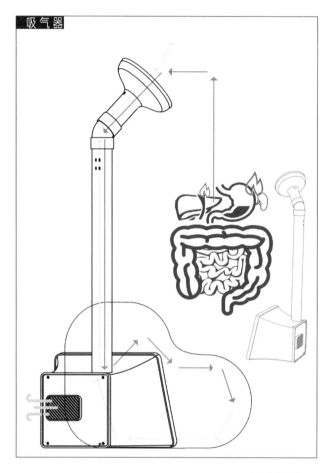

吸气器

产品原理图解

笔记：

"

设计大概是莫名其妙的美好。

"

邓庆

1997 年　生于湖南省株洲市
2019 年　中央美术学院产品设计专业本科毕业

展览
2019 年　米兰国际家具展
2020 年　德国科隆国际家具展，获 Special Mention

10 / 时·光——材料"性格"转换

作品名称：时·光
设 计 师：甘艺震
作品材质：新型混凝土混合材料
设计时间：2017 年 05 月

建筑业的兴起导致大量建筑材料的浪费，而我将其回收并研究出新型的混凝土——超轻混凝土、超软混凝土、超薄混凝土、超腐蚀混凝土，然后将其合理地应用到家居产品当中，改变大家对混凝土原有的刻板印象。

超轻混凝土。利用混凝土材料的混合性，加入多种纤维，使得混凝土材料变很更加轻质且坚固，其密度为原混凝土密度的一半。

超软混凝土。利用混凝土材料的混合性，加入硅油等多种材料，使混凝土材料突破坚硬、笨重等刻板印象，拥有柔软的质感。

超薄混凝土，利用混凝土材料的混合性，加入细沙和部分纤维，其最薄厚度为 3mm。

超腐蚀混凝土，利用混凝土材料的混合性，加入少量弱酸，腐蚀混凝土，利用材料的时间性来记录时间，让时间具有"无—有—无"的过程。

超轻混凝土

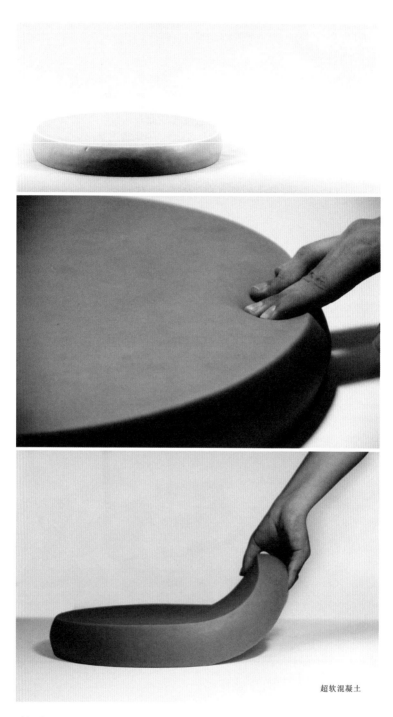

超软混凝土

超薄混凝土

超腐蚀混凝土

超腐蚀混凝土

超腐蚀混凝土

超腐蚀混凝土

笔记:

11 / 降温糖果 —— 材料"升级"

作品名称：降温糖果
设　计　师：甘艺震
作品材质：食用乙酸钠、芦荟、小苏打
设计时间：2016 年 05 月

降温糖果是我在央美快题设计后延展的项目。作品以中国人喝热饮的独特文化为出发点，通过新材料探索未来人们的生活方式。

作品灵感来自我与朋友们的一次聚会，当时因为条件限制，朋友们无法及时喝上温水。我调研发现，生活中，我们获取温水的方式大多是自然冷却或者来回倒水，部分科技产品能及时解决问题，但成本较高。于是我萌发了降温糖果的创作动机。

在寻找解决方式的过程中，我偶然得知醋中有能给液体降温的成分，于是我找到学食品专业的朋友，在其指导下，设计出了类似冰块一样的降温糖果。它的使用方式和冰块一模一样，从而提高了人们对新产品的接受度，加上其外观形似生活中甜甜的糖果，就更不会让人们在心理上拒绝它。

　　用户只需要根据自己的需求选择想要降低的温度，一块三角糖果可以降温 5℃，一块圆形糖果可以降温 10℃，而一块方形糖果则可以降温 20℃，并且它们可以暴露在空气中，不会像冰块一样融化。我根据用户的需求，设计不同类型的降温糖果，确保用户可以随时喝到温水。

　　降温糖果的出现不仅体现了设计跨专业合作的潜力，而且我利用人们常见的行为设计了一款全新的材料产品，更通过降温糖果改变人们的生活方式，将食物设计推向更多的可能性。

笔记：

"

感受生活，享受生活，设计生活。

"

甘艺震

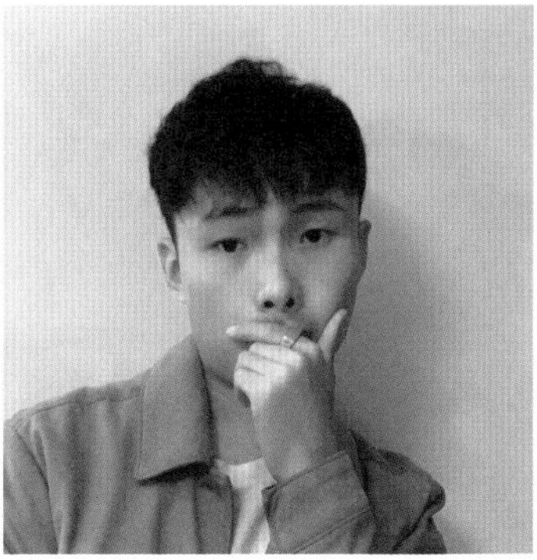

1994 年　出生于湖北省

2017 年　毕业于中央美术学院

2020 年　毕业于伦敦艺术大学中央圣马丁艺术与设
　　　　计学院

2020 年　辅修剑桥大学情景心理学专业

现生活于湖北省，为独立设计师

展览

2018 年　广州家居展

2018 年　意大利 A' Design Award 奖

2019 年　伦敦设计周 100%Design

12 / Excuse me —— 产品交互语汇

作品名称：Excuse me
设 计 师：韩月
作品材质：陶瓷、硅胶、综合材料
设计时间：2018 年 05 月

未来人与产品的互动应是怎样的形式呢？产品该怎样对人的行为产生积极的影响？

  人与科技产品之间的互动为何总是局限在一个屏幕中？为什么我们对屏幕如此痴迷？不该再是屏幕霸权的时代了，屏幕在索取人的时间。它使社交媒体跨越了时间与空间的限制，让我们社交生活更丰富，但也悄悄偷走了我们的自由时间。就算手机再方便，资讯再容易获取，若人类没有对时间的自主权，那终究是不自由的。于是我尝试想象了一种人机互动的未来，不再只是人主动去点屏幕，屏幕反馈，而是产品的智能穿插在生活细节中，或者产品本身就具有某种性格，人去选择和自己"合得来"的产品。我希望未来的产品能使人更具主动性，能更加专注于当下，或者说生活本身。

  现在是行为成瘾的时代，现代电子产品故意设计了让人上瘾的模式。而"设立目标"是设计"瘾"的一个重要手段。于是我利用这样的方式，反其道而行之，试图在适当的地方用最小的投资，专注于行为成瘾问题，利用"目标"去"戒瘾"。我设计的《Excuse me》餐具针对手机成瘾者的一些习惯，让餐具识别使用者是否在专心吃饭，当使用者一

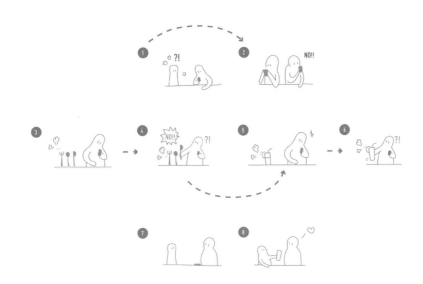

产品使用图解：看手机 —— 餐具识别到信号 —— 抖动 —— 放下手机 —— 餐具恢复正常 —— 恢复进餐状态

边玩手机一边吃饭时，餐具就好像感到不被尊重一样，产生抗拒，然后阻碍使用者的进餐。若使用者发出生气的声音，或者抖动，餐具就实施惩罚。在这个设计里，我尝试给日常最具习惯性的行为带来一些变化，让餐具有情绪和性格，从而引起使用者的注意，达到让使用者更专注于手机屏幕之外的生活本身的目的。

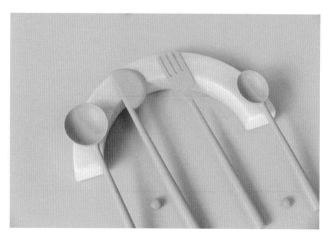

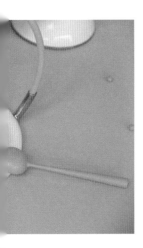

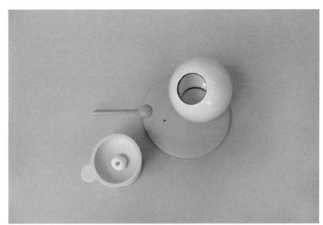

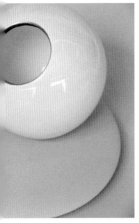

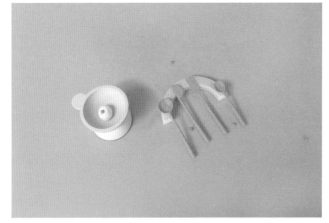

笔记：

"

将物品、想法或语言等等具象或抽象的事物重新建立联系，并创造新的体验，就是我对设计的理解。能对人的五感、情绪甚至人的行为产生积极的影响，就是我认为好的设计。

"

韩月

1994 年　出生于北京市

2018 年　在校期间获产品设计专业一等奖学金

2018 年　中央美术学院产品设计专业本科毕业，产品设
　　　　　计《Excuse me》获中央美术学院与牛犊秀合
　　　　　办线上毕业展最具转化价值奖

2020 年　就职于珀莱雅化妆品股份有限公司，任产品
　　　　　设计师

现生活并工作于杭州市

展览

2019 年　新视野·国际新锐设计师作品展

2019 年　美国 CES 电子展

13 / 净·土 —— 环保材料试验

作品名称：净·土
设 计 师：韩琦雨
作品材质：硅藻土、瓷泥、不锈钢、塑料
设计时间：2017 年 05 月

《净·土》在家居与使用者之间建立了一种互动的关系。于繁华、浮躁之外，每个人都想拥有自己的独立空间，却又害怕拥有独立空间。因为独处中的自己是混乱的、孤独的、缺乏乐趣的，所以此次设计的作品要给人一种即便是独处，也能够享受生活并且富有情调的感觉。这组产品中的三个单品在其使用中，必须与人发生互动才能够启动它们的功能。把人的固有动作和家居的使用方式恰如其分地融合在一起，一举两得。而它们的简洁外形也正如人们所追求的目标那样简单。材料也是关键部分。这个设计对硅藻土自身的属性加以研究与开发，使其自身就具备一定的智能化，再与科技进行整合，使其全方位地体现智能化。

灯具

这个产品采用让人的行为方式替代原本的打开方式的思维模式。其中，它运用了光敏传感器和人体红外传感器的原理。在外界环境的光线不充足的时候，光敏传感器会根据检测到的可见光的波长，将捕捉到的光信号变为输出的电信号，进而自动选择是否启动人体红外传感器。人体红外传感器检测红外线。因为人体的温度在 36.5℃~37.5℃，因此会发射出波长为 10μm 左右的红外线。这种红外线只要被人体红外传感器检测到，灯具就会启动灯源。

置物盒

我应用了硅藻土吸水性好、除湿、除臭的特性，让硅藻土变成一个安置厨房用具的置物盒，便于存

花砖

储刚刚进行过清洁的餐具，能更好地吸收水分，使餐具不容易潮湿、发霉、生锈或带有细菌。

我应用了硅藻土吸水性好、耐磨、耐热的特性，将硅藻土作为植物的容器。这能代替过去的花盆需要在底部打洞，防止水太多而致使植物死亡的功能，因为硅藻土花砖会自动吸收多余的水分。

加湿器

　　我打破了原有传统的按键打开方式，只是把按键当做打开加湿器的辅助模式，而真正的打开方式则变为一种人的行为方式。用人们买花回来后，把花插在花瓶里的这一行为会触发加湿器的打开，这其中应用了碰撞装置。在花杆碰触到碰撞开关时，碰撞装置就启动加湿器。这一打开加湿器的过程将变得更有意思和有情调。

衣架音箱

　　衣架音箱同样把传统的按键打开方式转换为人的行为方式。在这一过程中起到主要作用的是霍尔装置，并且要使用手机或其他电子产品来开启蓝牙与音箱进行连接。它的打开方式是人们把衣服挂到衣架上的这个动作使得霍尔装置感应到了磁场，使导体两端产生了电势差，进而转变为电压，以启动音箱，这一设计把一个简单的打开动作变得有趣。

"

我认为设计是橡皮泥。也就是说，设计是按照特定人群的特定需求所制定的方案。不同领域的设计都以需求和问题为着手点，进行创作或者完善而形成新的事物。在其中加入一些新奇而好玩的元素，可以提升人们的生活质感。在设计中，可以适当地加入设计者的思想，以艺术的形式作为点缀，让消费者为他们的需求而埋单。

"

韩琦雨

1993 年　出生于北京市

2013 年　就读于中央美术学院产品设计专业

2015 年　作品《睹物思人》获中央美术学院"社会实践
　　　　与艺术考察"优秀个人奖；作品《新材料之硅
　　　　藻土加湿器》获中央美术学院在校生优秀作
　　　　品展二等奖

2016 年　获中央美术学院优秀学生二等奖学金

2017 年　就读于北京工业大学

2018 年　荣获北京工业大学漫画大赛——"最美导师"
　　　　第一名；获"我们的街区"——东城区崇雍大
　　　　街沿线公共空间规划设计比赛优秀方案奖；
　　　　获北京工业大学研究生学业二等奖学金、社
　　　　会工作奖；获研究生国家奖学金

2019 年　获得研究生社会工作奖

现生活于北京市

14 / 吞噬的面 —— 超界面"空间"产品

作品名称：吞噬的面

设 计 师：李快

作品材质：钢铁、综合材料

设计时间：2014 年 05 月

思考空间与空间中存在的物体之间的关系，把空间解构成界面和框架，可以体会普遍空间定义之外的意义。我选定界面作为设计载体。界面是空间中的一部分，是空间中的某一纬度的平台。人们以现有的纬度和界面作为在空间中的感知和参照，这样就形成了墙壁和各个具有承载功能的家具体。我把人们经常会用到的界面做了吞噬设计，吞噬形态在自然界偶有形成，如黑洞、漩涡、龙卷风。这些都是自然界中运动形成的有吸引力的能量漩涡。

我所做的吞噬设计就是想让人们切实地体会到平常界面的不同感受。吞噬的界面有一种具有吸引力的视觉暗示。我希望人能和界面有视觉上或身体上的亲密接触，有深刻的体会存在于空间之中的界面。我所选择体现概念的界面载体是桌子。那么桌子本身就成了我的设计作品。但我设计的不是桌子，而是界面。桌子只是人们会普遍用到的平行于地面的界面。为了加强透视，形成视觉和心理上的强烈冲击，我把桌子的高度调整为普通茶几的高度，即 50cm。接近地面的桌面更有一种平行于地面的视觉感受。低矮的桌面方便人们坐在旁边的时候趴着或倚靠，更易于人靠近。吞噬的漩涡本身成为桌子的一部分，形成空心支柱。桌子本身的形态已经确定，那么我还想通过某种介质来凸显产品的功能。

什么介质能被吞噬呢？水、光、声音。吞噬的形态本身就和喇叭的扩音部位形状相似。那么声音就成了我能利用的介质。我想把整个桌子作为一个巨大的扩音器。桌子底部内侧壁吸附了一块镶嵌有磁铁的透明亚克力板，亚克力板中间设计了安放蓝牙音箱槽位，音箱与手机蓝牙连接，就可以播放音乐。桌子中间发出的声音就能和整个空间产生共鸣。这样既让人对界面进行感知，也提供了产品本身在空间之中存在的依据。《吞噬的面》包含了我对于空间界面的理解和产品设计的方法。我希望它能真正对人的视知觉形成冲击，丰富人的体验。

大学期间，我深受路易斯·康的影响，他在《静谧与光明》一书中写道："当建筑成为生活的一部分，它唤起了不可度量的特质，接着，实存的精神便接管一切。"哥特式教堂被视作中世纪最伟大的模型，记述着人在天地之间的活动范围、物质和光线的本质、自然的力量，以及中世纪的人所体验到的人神意愿。康重视和自然交谈，审视自身的存在。康说："欲望是尚未说出的与尚未造出的特质，是生活的理由。欲望是表现本能的核心，永远不应该受到阻碍。"而他所做的建筑都是在和上帝对话。他塑造的形体极度协调，人成了真正可以体验和度量空间的个体。他所做的就是用内心的语言和天地交流。他认为伟大的建筑开始于对不可度量的领悟，然后把可度量的当作工具去建造它，当建筑完成，它带领我们回到当初对不可度量的领悟中。"作品在工业声中催促而成，当尘埃落定，金字塔回响着静谧，在太阳下映出影子。"他的这句话刺中了我的内心，他把一切的尘埃落定看成是自然的发展，看成是简单的存在，但是这份简单充满了无声的力量。他把物质看成是光的自我消耗，人是不可度量的，直觉是人创造过程的积累。而一栋建筑在它具有实质的外表之前就已经具备存在的意志。他说："我不相信一件事开始于某一时刻，另一件事开始于另一时刻，而是天地万物均以同一时刻开始，也可以说它不涉及时间，它只是已经在那儿。在虚无中依然有许多可能性，我们可以让它发生，依我的看法，建筑师的任务是想办法让那些尚未出现的能有存在的空间，让那些已经存在的有更美好的环境，使它们成熟到可以和你交谈。你创造的空间一定要成为某个人呈献给别人之献礼的处所。"他的这些言论体现了他对于存在主义和相对论的理解和认同。他尊重内心，尊重精神，强调人的感受。他认为万事万物都是意愿的具体化，他所做的就是发现事物的存在之欲，把它带到现实世界来。他所做的建筑完全和谐，一如人和造物者之间的交汇。人绝对是无可度量的，人处于不可度量的位置。人运用可度量的事物让自己可以表达，创造着自己内心的语言。康与雕塑家野口勇一起合作了几个设计项目。他们都注重用内心去感知形态，然后把内心转换为具体的事物。雕塑和建筑有着共通的语言，述说着同样的故事。艾略特写了首诗给康："在理想与现实之间，在意向与行动之间，投下了影子。"

对于家居设计这个专业来说，如果是简单地设计某一件家具，不过是在做形式设计。千千万万的形式在被塑造、生产，但那也是只是形式而已，没有其他内容可言了。那么对于设计的标准，我理解为这个设计本身给人以视知觉的体验。这种体验让人得以区分精神性震撼的和流于表面的形式。我不想简单地设计某一件家具体，于是我选择了空间方向。我想找到家具体存在的理由，找到它存在于空间之中的依托和依据。它不应该被凭空捏造，它应该和人本身有所共鸣。真正的设计就是感染，其过程的启发是基于人类在普遍价值和精神上的共鸣。

设计是一种梳理行为与意识的方法。

"

李快

1992 年　出生于湖南省益阳市

2014 年　中央美术学院产品设计专业本科毕业，作品
　　　　《吞噬的面》获毕业设计一等奖，并获北京国
　　　　际包豪斯设计金奖

2015 年　加入 alloy 品牌，成为首席设计师，作品
　　　　PICNIC、MY WAY、DAYDREAM 等获得
　　　　红星奖和台湾金点奖

2017~2018 年　作品多次登陆美国纽约时代广场

现生活于美国纽约市，就职于乐几科技有限公司，任设计总监

展览

2015 年　作品《吞噬的面》参加北京国际设计周展

15 / 等待的旋律 —— 音乐交互体验

作品名称：等待的旋律

设 计 师：张思雨

作品材质：金属、亚克力

设计时间：2015-2016 年

传统公共座椅是供人们休息、交流、等待的一种公共设施，而城市的居民既是交流者，也是公共设施的使用者。每一个人都有属于自己的独特节奏，又在社会中扮演一定的功能。《等待的旋律》让人们在使用产品时发掘出自己的旋律。当人数增加时，属于这个空间的音乐就会有更多的和弦，独特与和谐并存，人与社会并存。同时，人们坐在公共座椅上等待某一个人和某一件事的时候，更多的和弦可以促进人们之间的交流，缓解人们在等待时产生的焦躁、无聊的情绪。

笔记：

"

作为一个在不断学习和填充自己的设计师，我一直在探索如何用不断的创新和设计让使用者与产品之间产生新的摩擦和交互方式，让'正常'的世界变得有趣和舒适。

"

张思雨

1993 年　出生于辽宁省抚顺市

2016 年　中央美术学院产品设计专业本科毕业

2019 年　加州艺术学院硕士毕业

现生活于美国佛罗里达州，就职于摩托罗拉系统公司

获奖

2014 年　751D·LAB 设计荣誉奖

2018 年　IDEA 学生设计特等奖

2018 年　睡前 Futurelab 未来设计挑战赛优秀奖

展览

2018 年　Reimagine End of Life 设计邀请展

16 / 骑行者安全上路产品 —— 智能骑行体验

作品名称：骑行者安全上路产品

设 计 师：何志伟

作品材质：综合材料

设计时间：2016 年 06 月

自行车从 18 世纪诞生到现在，被越来越多的人使用。骑行是在自行车诞生以来就有的一种非常环保又健康的运动方式，越来越多的人爱上骑行。人们通过骑行，可以直观地欣赏到沿途的风景，而且可以根据自己的心情选择随时停留，非常自由，不管白天还是黑夜，我们总能在街边看到有的人身着骑行服，或结伴而行，或独自前行，享受大汗淋漓的、磨炼自我意志的体验。长期坚持骑自行车也可增强心血管功能。可当发生交通事故时，这一切美好便烟消云散。

大部分的事故发生在夜间。当光线昏暗时，骑行者视线受阻，无法准确判断路况，易造成侧滑翻车、撞到突然出现的人或障碍物等状况。而且路上的其他车辆有时也因无法看清骑行者的行动路线与距离，发生追尾撞车的事故。

为了避免骑行者在行驶途中发生交通意外，很多骑行装备应运而生，目前市场上骑行装备种类繁多，功能各异，有车头的节能手电筒、带有反光条的骑行衣、车龙头的手机支架，而且有许多具有新功能的骑行装备也在不断研究和开发中。这些骑行装备带给人们便利，所以越来越多的人开始购买它们。

而我这次的研究方向是着手于市面上还未出现的产品，首先从骑行者角度和周围行人与车辆两个角度出发，通过设计三个产品解决夜间骑行中易发生事故的问题。

　　第一，首次将转向指示灯与背包进行结合，让背包既可以方便骑行者携带物品，还可以方便骑行者向后方行人与车辆告知自己的行驶动向，减少因后方行人与车辆误判造成的不必要事故。

　　第二，首次将超声波测距装置用于骑行中，将测距仪安装在车头，这样即使骑行者无法用肉眼查看前方路况，测距仪也可以提示前方一定范围是否有障碍物，让骑行者能提前减速或停车，小心行驶。

　　第三，在后轮金属钢圈上加装一圈光感灯，在光线昏暗时自动亮起灯，加强夜间骑行时自行车的可识别性，提示周围行人及车辆。

　　当我第一次将想法与导师沟通时，导师觉得这个设计方向具有探索未来生活方式的理论意义及实际意义，给了我很多建议和鼓励。在实施之初，因为涉及电路及机械结构，这些并非我擅长的领域，所以我开始寻找相关的工作室寻求帮助，很长一段时间奔波于学校和工作室之间，有几天甚至住在工作室内，就是为了能和技师及时交流沟通，调整仪器的模型及内部线路。经过几次调试，运用 3D 打印技术，制作了产品外壳，再安装在车子上开始进行路测。最后，产品虽然还存在很多欠缺，还需要更加专业的仪器和设备，让产品更加小巧，使用时更加便捷，但是基本的方案终于能够呈现出来了。这次产品设计让我更加理解到，实现一个成熟的产品需要付出很多努力，也需要多方配合，需要不断的反馈与调试，只有这样，产品才能正常流通于市场，能更好地被人使用。希望这次的设计构想以后能真正变成产品，让骑行者受益。

指示灯背包

指示灯电路

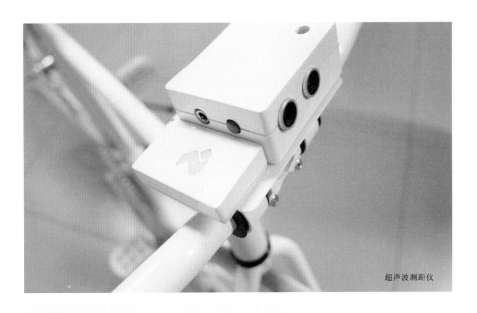

超声波测距仪

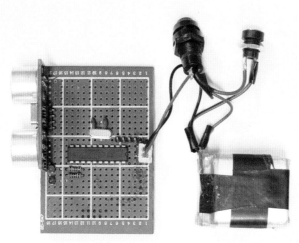

超声波测距仪电路

光感后轮灯

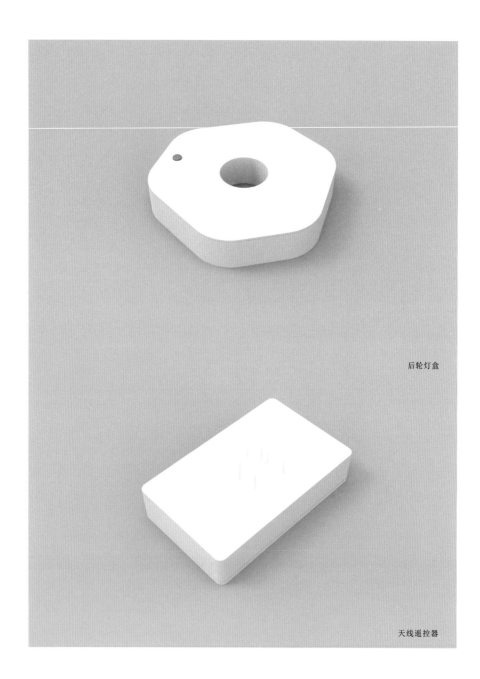

后轮灯盒

天线遥控器

"

思变，创新，便开始了设计。

"

何志伟

1994 年　出生于江西省抚州市
2016 年　中央美术学院产品设计专业本科毕业
现生活于抚州市，就职于汇嘉艺术教育机构，任副校长

展览
2016 年　中央美术学院本科生毕业展

17 / Picnic 旅行箱 —— "智能行旅"

作品名称：picnic 旅行箱
设　计　师：李快
作品材质：综合材料
设计时间：2017 年 09 月

2017 年 9 月，alloy 联合 NYLON 中国创刊联合发布了自主设计研发的新一代旅行箱系列——Picnic 梦旅人。"Picnic"取自电影《梦旅人》，意在让使用者能在每一次旅行中找回自由和梦想。若把每一次繁重疲劳的旅行当作一次 Picnic，那一丝旅途的疲累也会立刻消失，人也变得活力满满。但这还不够，我希望旅行能充满美的享受，所以对产品进行了大弧面、动态美学、通体涂色的视觉设计。产品在坚持低调、简约的同时，又强调特立独行。让我们自信，自由，享受当下。

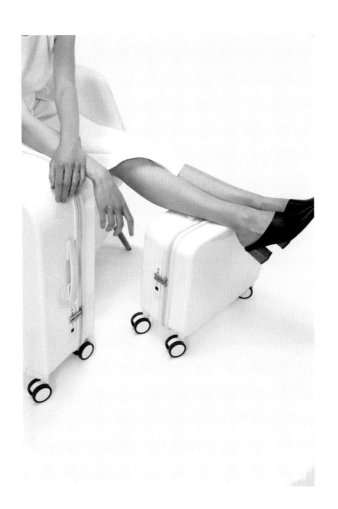

除了对外观设计进行创新，我还针对第一代 Picnic 旅行箱设计了智能款产品，以应对旅行中可能发生的问题，例如托运李途中旅行箱遗失，或者忘记旅行箱密码。我在旅行箱拉杆内侧嵌入了智能模块，把机械锁升级为指纹触控锁，并配套了旅行 App，手机通过蓝牙连接旅行箱，用户可以用 App 一键开锁或指纹解锁。旅行箱在距离用户超过 15 米时手机会进行提醒，并通过蓝牙定位等功能避免旅行箱遗失。Picnic 旅行箱的尝试是我对于未来旅行方式的一次全新探索，App 也可以为后续服务升级打好基础。

在旅行箱的硬件设计上，我也进行了体验感的升级。采用静音万向轮，在各种路面拖动旅行箱时能更加平稳、安静，即使是不平整的路段，阻尼感橡胶轮也能有效地缓震和避免噪音。拉杆采用铝合金材质，增加了伸缩的顺滑度，并且可以分段调节高度。箱子的主体材料则是用加厚到 2mm 的德国拜耳 PC 材质，增加了箱体硬度，能更好地应对外部冲击，保证外观的完整性和美观。为了避免下雨天雨水渗入箱体，我还定制了橡胶防水拉链，可以更好地保护随身物品。这是旅行箱品类里具有革命性的产品，在设计、功能、体验感等各方面，我都希望能打造符合未来出行方式的好产品。

18 / 孕——交互教育

作品名称：孕
设 计 师：代华颖
作品材质：铝合金、椴木
设计时间：2016 年 05 月

《孕》是一款专为探究人与人、人与物之间的关系、反馈而创作的作品，它以桌子为表达载体，旨在探索家具在功能层面以外的使用价值，"孕"字意为孕育，培育，取这个名字，是想让大家更多地关注人使用家具的过程，它的趣味性在于人与人是不同的个体，在使用具有交互功能的家具时，人们会产生不同的行为，而在这个过程中，我们可以看到人、家具、他人三者之间的行为方式和思维方式。他们借由桌子彼此交流，进行反馈，这样循环往复，会出现不同而意外的结果。

在作品创作完成时，我做了几组实验。第一组是一对母女，当时女儿看到这个有点智能的小桌子时极为兴奋，她迫不及待地想要尝试使用，于是拉着她的母亲跟她一起坐在上面。桌子上只有一组相互对立的灯，但是通过这个灯，母女可以进行丰富的交流。这对母女一开始坐在桌旁时，从不会使用到熟练使用花了将近 20 分钟的时间。虽然花了这么久的了解时间，她们并没有放弃使用，而是玩得津津有味。女儿写作业，妈妈看书，当女儿的手离开桌面停顿一段时间，对面的灯会降低亮度。妈妈可以通过感受灯光的变化感知女儿的内心活动，女儿是不是遇到了难题，是不是开了小差，是不是……而妈妈那边也是如此，妈妈的行为也受到女儿的关注，双方都可以通过灯光的变化感知对方的行为和心理活

动。在这个过程有一个有趣的现象，女儿最初很好动，总是使对面的灯光受到影响，而妈妈那边并没有说话，只是模仿女儿的行为，扰乱女儿的学习，这样来来回回经过半小时，我发现女儿的好动有所收敛，开始有自我约束的行为出现。对此我在旁暗自偷笑，这个桌子开始发挥作用了，我看到了"理解"二字。另一组是一对双胞胎，在作品展览期间，一个母亲带着她的双胞胎女儿高兴地尝试了一下，姐妹俩一开始叽叽喳喳，差点打起来，最后她们约定了一个规则，过了 20 分钟才慢慢地安静下来，各自看漫画书。这会儿，灯光逐渐趋于稳定，两人的小身躯看着有点紧张，生怕扰乱了对方的灯光。就在这样一段时间内，我看到了"合作"二字，这是让我感到很欣慰的。

笔记：

　　看到这里，相信你们已经懂了，是的，其实作品的本质是我对智能家居的畅想。随着科技的不断进步，人工智能的崛起，智能家居势必会成为一个大的行业发展趋势。未来，每家每户都会智能化，人与人之间的关系可能会受到机器的影响而变得越来越疏远和紧张。那么，我在想，可不可以有一种方式，通过智能让人、家具、他人三者之间变得越来越亲密？家居产品不只是一种被使用的物，而是一个可以相互交流的朋友，它会伴随你生活和成长。让智能不仅仅局限于功能，这不仅让人们收获便利，还可以收获温情和快乐。通过这个桌子的设计，我想我的理念是可以应用和实现的，它确实受人喜爱，也确实起到了一些意想不到的效果，至于结局是什么样的，我想不用刻意去限制和规定它，这就是智能家具的魅力所在——不去设计、控制它，而是去发现它。

"

以极度贴近人性的敏感和偏执的灵魂
去洞察的设计就是好设计。

"

代华颖

1993 年　出生于山东省青岛市

2016 年　中央美术学院产品设计专业本科毕业

2019 年　中央美术学院产品设计方向研究生毕业，作
　　　　品《孕》获得中央美术学院优秀作品二等奖，
　　　　作品《无用之用》被央视财经创意设计专栏
　　　　报道，其中两件作品被俄罗斯艺术品藏家购
　　　　买收藏

2017 年　担任京东众筹项目"移动精灵"产品设计总监

展览

北京太庙优秀作品展

三里屯瑜舍酒店"好物潮"作品展

798 创意手作市集

19 / 正是你在寻找的 —— 产品"温度"

作品名称：正是你在寻找的

设 计 师：吴志强

作品材质：气泡膜 ABF，不锈钢

设计时间：2018 年 11 月

繁忙街道，华灯璀璨，清幽绿地，缓步徜徉。《正是你在寻找的》是对城市公共座椅的再设计，设计关注城市绿地公园中的静谧休憩空间要素的需求，采用低角度、低亮度的整体性光源，实现绿地夜景亮化和美化的效果，部分替代常规照明，并加入情感因素，运用灯光及其冷暖变化，使座椅的位置和使用情况更直观，方便人们快速找到能让自己休息的座椅，并通过灯光使环境发生"冷暖"转变，对使用者的心理状态产生影响，疏解居民日间忙碌后的紧张情绪。在材质方面，座椅大量使用可回收的柔韧半透明聚合物，触感舒适，易于亲近，结合光源发生微妙变化的设计理念，极大地提高公共设施的环境友好性及体验趣味性。

"走，搞快点儿，压马路……主对面神仙树公园那儿。"

随着老妈的一声吆喝，我和老爸也都迅速跟随老妈出门。记得那是小学五六年级的时候，北京还没举办奥运，成都的夏天总是待太阳下山之后，就凉快了下来，出门遛弯的人似乎约定好似的，一波接着一波。我最感兴趣的就是公园里的公共健身器械区，玩得根本停不下来，满头大汗后，才愿意跟爸妈继续遛弯儿。玩完后的我，跟丢了魂儿似的，走两步就喊累，不愿走。

"你自己去找位置，找到了，咱就休息。"老爸说道。感觉有了遛弯儿动力的我，一路小跑，只为寻找"专属于我的那个位置"。成都的公园绿化很好，"好"到夜里一片漆黑，路灯的灯光都躲进了树丛，仿佛在跟我说：别找了，累了就回家歇着。

那天的"找位置"之旅，我现在还记忆犹新，一直想解决这个问题——让人在遛弯儿的时候能想休息就快速找到休息的地方。

设计之初，我去北京部分公园和校区周围街道逛过，发现了很多有趣的事情。比如：北京红领巾公园内的趣味座椅，有些像一个插在地上的被折弯的大勺子，坐在上面，因其结构和材质，座椅会略有弹性，虽然占地面积较宽，一排也只有五个座位，但受各个年龄段的人喜爱，前来游玩的人们排着队想体验。街道周边的座椅就稍显凄凉，铁制框架、木制椅面出现损坏或零件丢失等问题处处可见，大同小异的城市公共座椅让人们有种"能坐就行"的无奈感。

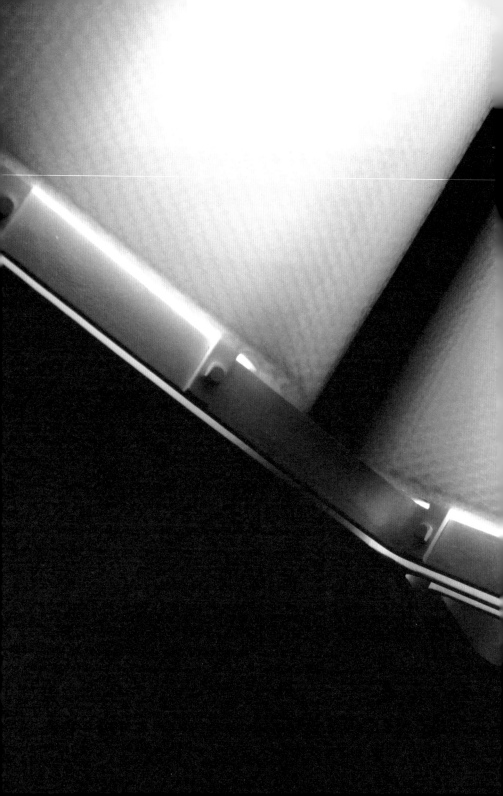

首先，公共座椅为公共场所的人们提供一个静谧的休憩之处，这是非常重要的功能。其次，在居民小区、市区、公共活动区和旅游景点提高公共座椅的质量，可以为一些特殊活动提供更多私密空间，例如停歇、游戏、阅读、野餐、下象棋、闲聊等。最后，优秀的公共座椅可以为人们坐下来创造良好条件，这样人会有更长时间享受这些活动；反之，人们就会一晃而过，这意味着不仅公共停留时间很短，而且许多有吸引力且有价值的户外活动将会消失。

在我的设计构思中，在考虑座椅结构、材质及舒适度的基础上，我加入光变的设计元素，原本只想通过有无灯光来辨识座椅的使用情况，后来跟一个朋友偶然聊起我的设计理念时，他问道："有没有考虑到一个人和几个人在使用这种光变效果的座椅时，是否会有不同的心情？"我思考了很久，觉得灯光的冷暖程度对人的心理是有影响的。在后来的设计中，我对灯光的变化进行了改进：运用灯光及其冷暖变化，使座椅的位置和使用情况更直观，方便人们更快找到能坐下休息的座椅，并通过灯光使环境发生"冷暖"转变，对使用者的心理状态产生影响，疏解他们日间忙碌后的紧张情绪。

在椅面的材质选取上，我尝试过很多种类，虽然最后选定用可回收的柔韧半透明聚合物ABF（俗称包装泡泡膜），它触感舒适，易于亲近，很多小孩乃至成人都会对按压它的泡泡情有独钟。灯光开启时，材料对光源有折射效果，也能营造出一种梦幻的星空感，但塑料不是很好，在材质的选取上，我仍然在不断探索，希望发现有类似特性但更环保的材料并取而代之。

作品完成后，我仍然有个持续纠结的事情：一个人使用座椅时灯光变得更暖，还是多人使用时灯光变得更暖？关于这个问题，我问过很多朋友，答案各异，缘由都很有说服力！当然，我期待有更多的反馈，将这个"正是你在寻找的"座椅不断优化。

笔记:

设计是一种引诱，然后使人乐在其中。

吴志强

1995 年　出生于重庆市
2019 年　中央美术学院产品设计专业本科毕业
现生活于北京市,就职于北京工美集团有限责任公司,
任产品设计师

展览
2015 年　中国学生玻璃作品展
2016 年　为坐而设计
2020 年　中国国际服务贸易交易会

20 / 掌灯 —— 科技与生活方式

作品名称：掌灯

设 计 师：李沛澎

作品材质：亚克力、金属、灯

设计时间：2016 年 5 月

受到 Mathery Studio 和深泽直人设计作品的启发，我尝试将"无意识设计"和"互动性设计"的设计方法结合起来，并走到生活中发现人们真实的需求，从而设计出具有人文关怀的作品。

首先是为热爱读书的人设计的椅子。当你终于放下手机准备看本书的时候，坐在椅子上的你打开书才发现光线并不理想，或许此时正夕阳西下，你需要起身去打开房间里的灯，但你并不希望自己暴露在大型光源下，这时你需要的是一个近距离且舒适的光源，这个光源最好的位置就在你的身侧。我的设计方案是：在使用者进行"坐"这个动作的时候，身侧的灯也会亮起来，将"坐"和"开灯"这两个动作结合起来，也省去了使用者对光源的考虑，在结束阅读以后，灯光会自动关闭。

我还为独自在大城市过着朝九晚五生活的人设计落地灯衣架。下班回家时，屋内空无一人，没有任何光线，你必须脱下鞋摸索灯的开关。我的设计方案是：设计一个放置在大门侧的衣架，回到家后你可以将你的包挂在衣架上，衣架的端点是灯的开关，灯的位置在衣架的顶端，将重物挂在端点即可打开衣架上的灯，为你照亮周围。当你拿开衣服时，灯光自动关闭，这参考了深泽直人带托盘的台灯的设计细节。

不再默默无闻，而是自带灯光和音乐，我想用主角的方式出场。还记科 *Never Been Kissed* 这个老电影吗？女主角乔西（Josie）由于无法融入社交圈而常遭人捉弄，即便是在热闹的聚会中也总是独自坐在一边，悄无声息地成为全场最安静且格格不入的存在。为扭转聚会里的孤独角色，Mathery Studio 设计了一款"主角驾到"椅——Josie Chair，椅背上的绳子连接塑料滑轮，当椅面受到压力，塑料滑轮中便会喷出五彩缤纷的彩带，太神奇了！每个坐在这把椅

子上的人都能成为自带特效出场的主角。

　　在互动性上 Josie Chair 做了很好的示范，小惊喜、小愉悦、小趣味也可以成为一个产品的核心精神。同时，对于"坐"这个动作，我也有了新思考。"坐"不仅是一个动作，还可以同时达到其他更有功能性和趣味性的效果。除了惊喜和趣味，功能性也是家居设计的要素之一。Josie Chair 在完成了一秒钟的"惊喜"后便会失去二次使用的能力，而我需要将持久的功能性考虑到自己的设计当中。

　　通过家居产品设计将小惊喜、小愉悦、小趣味带到我们生活当中的最有代表性的设计理念是由设计师深泽直人提出的"无意识设计"，也称"直觉设计"。直觉，是一个不受人心理状态影响的无意识过程，不以人的意志为转移。人的大部分认知都是在无意识状态下进行的，直觉是无意识的反馈行为，直觉思维的存在能够帮助人做出优化抉择。人往往无法直接说出自己需要的产品，以"无意识设计"为设计核心的设计师通过发现用户生活中的细节，从而了解用户的需求，将无意识的行为转化为可见之物，设计适合用户且让用户感觉舒适的产品，让用户在使用的过程中感受到真挚感情的流露和无微不至的人文关怀。

带托盘的灯是深泽直人的典型设计之一，当我们结束一天的工作，走进家门，我们一般会放下钥匙，然后顺手打开灯，而这款台灯的设计巧妙地抓住这个我们习以为常的生活细节，把台灯的底座设计成盘子的形状，我们可以很随意地把钥匙丢进盘子，台灯便会自动亮起来，而当我们打算离开的时候，取走托盘里钥匙的同时，灯就会自动熄灭，这盏台灯便顺势成为我们一天的终点和新的一天的起点。深泽直人用每一个设计诠释"为生活而设计，不刻意不彰显，一切都是刚刚好"这一设计宗旨。

直接或间接，我们每天都在与各种各样的产品进行互动。我们对产品有所动作，产品进行回应，这一过程产生了最基础的互动设计。人与人、人与设备、人与环境以及延伸到设备与设备之间的行为和关系是互动性设计的定义。一般情况下，人们通过对力的应用，使产品产生相应的变化和动作。当然，处于高科技洪流中的我们也可以使用智能科技使产品迎合我们的需求，使其更好地适应居家或办公等环境和氛围的需要。在一定程度上，互动性设计是产生趣味和惊喜的艺术，研究互动性设计的设计师被称为"使用者接口发展者"，他们关注互动内容、行为、功能性以及连续性，同时注重用户的执行效能以及满意度，呈现出最为"尊重人"的设计。

将"无意识设计"和"互动性设计"结合起来，从人们生活中的真实需求出发，将人文关怀和对使用者个人的尊重作为设计的初衷，我希望这两个设计可以切实地为用户带来益处，哪怕是细微的改变。

笔记：

对于一个现代人来说，
最好能熟练掌握对自己进行精神急救的技能，
而设计，就是我所掌握的技能之一。

李沛澎

1994 年　出生于辽宁省大连市
2016 年　中央美术学院产品设计专业本科毕业
2018 年　毕业于南安普顿大学，学习品牌策划与市场
　　　　　营销
现生活于上海市，就职于 UFOU Studio，任市场部经理

21 / Reflections —— 数字化感观判断

作品名称：Reflections 食物回响
设 计 师：欧阳申原
作品材质：综合材料
设计时间：2019 年 05 月

这 件作品旨在探索听和吃同时进行的必要性，探索声音对人的行为和情绪会有什么影响，探索人对声音的记忆是否强于对图像和文字。人们通过扫码点餐，根据菜品和音乐特征产生的关键词匹配生成菜单及歌单。人们用餐时，桌面的音箱播放歌单，让音乐伴随用餐者的用餐过程，让用餐者获得个性化的用餐体验。

Q：让我们从设计背景开始吧。

A：你还记得五天前的午餐都吃过什么吗？你还记得前两天吃的干锅是什么味道吗？咖啡飘散的是什么味道？在这个快节奏的时代，我们很少有机会去慢慢品尝和享受一顿美食，我们对食物的记忆也越来越浅。上班族的用餐时间很短。早上是牛奶、面包、关东煮；午餐是外卖、快餐；晚上下了晚班，可能又是来一份外卖。所以我想设计一款产品，加深人们对食物和用餐过程的记忆。

Q："Reflections"这个名字的含义是什么？

A："Reflections"有反射的意思。我更喜欢映照出影像的这一层意思。食物和音乐都是有声音、有温度的，这个词也可以表达作品反射出的声、光、热。

Q：音乐对于你来说是什么？

A：音乐是特别的声音，是生活中的一部分，在我看来，音乐渗透在生活的每个角落，就像生活的配乐一样。我们心情的变化和不同的遭遇等始终伴随"背景音乐"。

Q：音乐和食物之间的关系是什么？

A：音乐和食物给我的感觉是相似的。挑选唱片，打开唱片机，放入唱片，拿出歌词，听音乐，它是一个完整的过程。吃饭也是一个过程，情感也是产生于这个过程。"记忆"这个词一直是一个特别难以琢磨的概念，在我们不断成长的过程中，记忆成了珍贵的"食物"。我们去回忆的时候，可能会想起某一天在某一个地方的某一个时刻，耳边响起了某一段音乐；想起自己在某种状态下，品尝的某一种食物有什么味道。所以，对于我来说，记忆可以串连起音乐和食物之间的关系。

Q：在作品中你如何呈现它们？

A：最终我把思路放在了"标签"上。我们对音乐和食物总是会有一些评价性的标签，比如，这道菜有夏天的感觉，十分清凉，那同样，也有夏天感觉的音乐。我希望通过这种简单的逻辑让使用者更容易去感受、理解音乐与食物之间的关系。

笔记:

食物回响 A　　　　　　　　　　　　　　　　　食物回响 B

Q：给我们详细介绍你的设计吧。

A：我的作品分为两个部分，一部分是线上的小程序——Reflections Food，另一部分是线下的载体——音箱。在现实场景中，使用产品的第一步就是扫码点餐，选择喜欢的食物，加入购物车并下单，Reflections Food 会通过音乐所对应的标签、评价的关键词，与具有相似标签的食物进行匹配，生成个性化的歌单反馈给用户，供用户保存。用户的专属歌单将被上传至服务器，并传送到餐桌的音箱上，让音乐伴随用餐者的用餐过程。

Q：你希望你的设计能带来什么？

A：Reflections 希望能给用餐者营造一个更具趣味性的用餐体验。在用餐结束后，用餐者可以得到一张生成的歌单图片，它可以给人们带来"我今天的午餐大概有什么样的音乐感觉"这样的好奇感，也可以通过这种形式在今后将人们带回这个记忆节点，使人们加深对用餐过程的记忆，也让声音成为记忆的一种主要媒介。

"

进步。

"

欧阳申原

1995 年　出生于上海市
2019 年　中央美术学院产品设计专业本科毕业
现生活于深圳市，就职于深圳市坪山外国语学校

展览
2019 年　世界工业设计大会暨国际设计产业博览会

22 / MIMO ——数据嗅听交互体验

作品名称：MIMO
设　计　师：孙源
作品材质：树脂
设计时间：2018 年初

MIMO 是一款集听觉体验与嗅觉体验为一体的智能音箱。在情感化设计中，嗅觉往往容易被忽视，但其实嗅觉是感官系统中最为灵敏的器官，将这一点与产品相结合，从而达到产品情感的统一。音箱连接手机 App，可以识别不同音乐情感，从而释放出不同的味道，音乐开启时味道也随之开启，暂停则随之停止。味道的切换可以通过在手机上切换歌曲来实现，同样可以通过按产品按钮进行切换。

一件好的产品设计往往会在使用过程中给人们带来美好的体验和感受，从而给枯燥乏味、日趋标准化的生活增添更多的乐趣和与众不同的情感体验。

研究表明，味道能使我们的记忆更加深刻。"闻香识女人"这句话正是说明了嗅觉帮助记忆的功能。然而嗅觉还有识别的功能，例如蚂蚁可以利用味道辨识来回的方向。如果将哺乳期的母狗的尿液涂在幼崽的身上，母狗就会因为闻到这种熟悉的气味，把幼崽当成自己的孩子，用自己的奶喂养它。这个产品着重于情感化设计，把使用者在使用产品时的情感转化为其对产品的感情。其意义是利用人在感知层面上的初步体验，使一件产品充分发挥其意义，触发人的五官感知，给使用者带来不一样的情感体验。

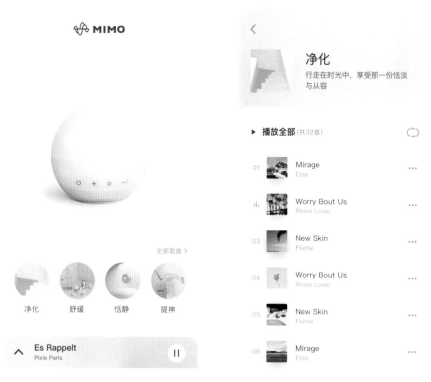

味道也能影响人的生理机能。据日本一项调查指出，玫瑰的香味可以刺激女性分泌荷尔蒙并提高其浓度。在同龄女性中统计，荷尔蒙浓度高的女性要比荷尔蒙浓度低的更显年轻，身体机能更健康。而缺少荷尔蒙容易引起失眠、烦躁、皮肤衰老等症状。因此，玫瑰香味可以刺激女性分泌荷尔蒙，能够安神助眠，美容养颜，延缓衰老。

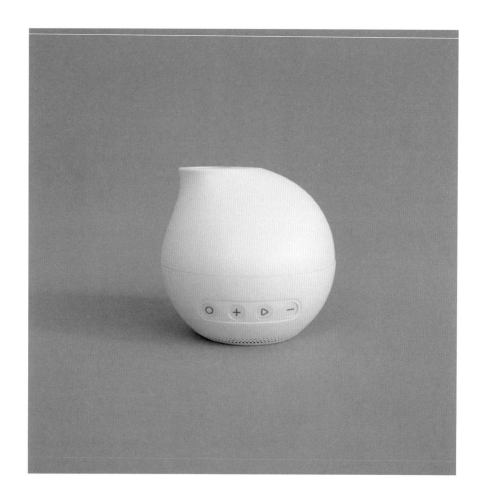

["]

设计不可被定义。

["]

孙源

1996 年　出生于山东省

2018 年　中央美术学院产品设计专业本科毕业

23 / Eyes Spot —— 智能催眠

作品名称：Eyes Spot
设 计 师：宋紫箫
作品材质：综合材料
设计时间：2019 年 05 月

表，一直以来就是催眠活动中的一个重要道具，人们通常在焦虑而无法入睡的情况下会下意识地看向钟表。Eyes Spot 是一款助眠电子表。它利用催眠疗法中的凝视法，通过单调、循环、富有规律的动态影像来刺激视觉，激发潜意识，从而使人们精神放松。闹钟的显示屏上可以随意切换数字时间和催眠动画。当人们躺在床上时，可以打开时钟顶部的投影仪，将催眠动画投射在天花板上进行观看。

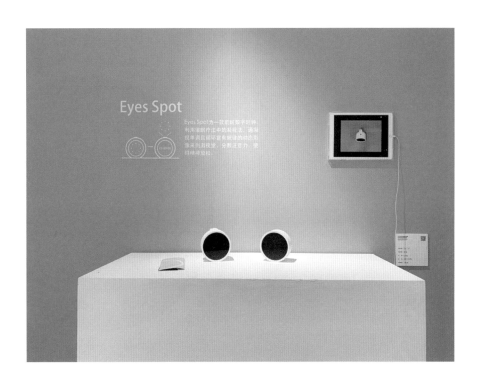

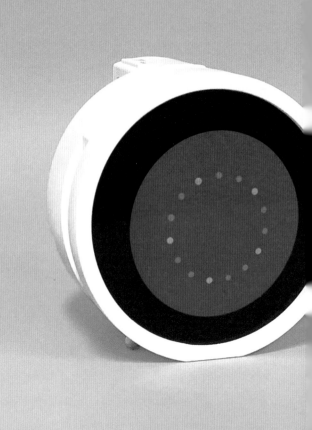

这个作品是我的毕业设计，是一个围绕"失眠"为主题所设计出来的电子表。在最初思考毕业设计选题的时候，我遇到了一些难题，我想到了很多的主题，但是要么太宽泛，要么想法不够成熟。直到有一天晚上，我在为毕业设计焦虑得无法入睡时，我突然想到：为什么不设计一个可以解决年轻人失眠问题的产品呢？于是我就迅速地查阅了相关的信息，并且考虑了接下来探索这个问题的可能性，第二天我将这个想法告诉老师，一下子就通过了。

接下来就进入了漫长的调研过程。其实越调研到后期，我越发觉得这是一个很好的主题。在过去，失眠这个问题可能更多出现在中老年人身上，这更多是由于身体原因造成的；可是现在，这个问题越来越多地出现在年轻人之中。活在这样一个快节奏的时代，失眠更多是由现在年轻人各方面压力过大的结果。非常有趣的一点是，在我做毕业设计的那一年里，年轻人"秃头"的这一说法开始变得特别流行，其实就是在说现在人们总是压力过大，经常熬夜，很难入睡。这么一个事实这也加深了我迫切想要做这个主题的念头。

然而，由于失眠很多时候是由于许多精神问题所导致的，想要根治，必须挖掘失眠者背后的故事，每个人背后的故事都不同，很难用相同的方法去解决，这就成了我在前期调研时面对的最大的困难。如何才能用一种富有逻辑并且有效的方式来帮助人们解决这个问题呢？最后我通过调研找到了催眠动画这样一种可行的方法，同时受到老师的提议，我决定将这一想法应用在表这一形式中。表是多么与这个主题契合的产品啊，不论是在影视作品还是催眠过程中，表都是一个治疗患者的重要道具。在现代社会，不论是电子表还是机械表，往往都是在夜深人静的夜晚中对一个人工作的开端、健康的警示或死线的预告……但不论是哪种身份，表都成为人在失眠时最重要的陪伴。

我的作品在这样的想法中逐渐成形并最终完成。在使用这个表时，最关键的一点就是人需要凝视表盘来获取信息，也就是"看"这个动作很重要。最终我将作品命名为"Eyes Spot"。

"

我一直认为设计与艺术最大的不同在于，艺术是为了实现自我，它可以忽视他人感受，而设计恰恰是要服务于人。设计师所要做的就是解决问题，把解决的问题用产品的形式具象化地展现出来。当产品的使用者可以感受到设计师所传递的信息时，我想这个产品就是成功的。

"

宋紫箫

1996 年　出生于北京市
2019 年　中央美术学院产品设计本科毕业
2018 年　在 wicresoft 实习
现生活于北京市

24 / Arms —— 安全"智能"与数字化系统服务

作品名称：Arms
设 计 师：张宇轩
作品材质：3D 打印、综合材料
设计时间：2018 年 09 月至 2019 年 06 月

Arms 是一套结合我国城市出行安全、市民日常防身的现状分析设计出的安全出行保护系统产品。该系列分为可供用户选择的随身电子产品、依据当地警力部署管辖范围分化管理区域的公共管理工作站、提供给用户处理信息的应用程序、仅供各管辖区域内工作人员用以处理用户反馈状况的管理系统。其宗旨是保护用户人身安全，提供一种共享安全信息的生活方式。这套产品设计旨在通过引导大家共同抵制暴力，逐渐消融社会中暗藏的暴力因素，同时反哺现有的社会治安工作。

随着被害案件报道的增多，人们对防身用品的需求开始增多。但经过一系列对治安管理及安检部门的调研发现，市面上的防身用品以及防身术在真实事件中无法起到太大作用。每当有性骚扰、性侵等事件发生，也会有不少针对女性的劝诫。这些劝诫即使出自好心，也不能忽视另外一个问题：我们应当构建更加安全的生活与发展环境。如果只是一味强调女性的自我保护，不管是女性防身用品，还是无限强调自我防范，对于打击性侵等犯罪来说无异于缘木求鱼，效果有限。

社会安全不仅涉及人们工作和生活的各方面，还关系到每一个公民的生命、财产和切身利益，这就必然对社会安全风险的社会协同治理提出要求。

　　这套产品运用了当下可穿戴移动设备与区块链接各区域系统的形式，辅助现有的治安体系。在帮助警务工作升级换代的同时，将出行风险指数透明化呈现给区域内群众，让他们自发选择规避风险，以争取消除安全隐患的时间。用户在每次使用程序时都会进行身份识别。我们要求用户的信息绝对真实、完整，信息内容包括身份、医疗、金融、保险等。这些信息仅向管理人员出示以保护用户隐私。

　　系统产品中的 Aegis 仅仅用于终极呼救，内部程序设定为持续性 GPS 定位，左侧两个按钮按下时分别会将援助信息发送给警方和紧急联系人。右侧为开关键，长按时可开启紧急频闪，给自己争取一定的逃生时间。Skyeyes 是系统内对用户要求更高的产品，在前一产品的所有功能基础之上添加了实时摄像头，在开启实时摄像头后视频将被自动添加水印，防止视频外泄。在起到犯罪震慑作用的同时，尽最大可能保护市民隐私。

设计初期，我从可穿戴的防身产品的角度切入，开始进行调研工作。首先我通过对市面在售的防身产品的调研，总结出可用于防身的产品，再进行大众对这些产品的使用情况的信息搜集，采集到大众对现有的防身产品的反馈：虽然这些产品可以买到，但并不能畅通无阻地带出门使用。

为什么明明是用于防身的物品，却被管制而无法使用？秉持着相信现象的发生总有与之牵连的前因后果这一信条，我决定去向对最有解释权的人寻求答案。在向派出所的公安民警咨询时，了解到他们决定管制一些防身物品的考量：没有接受过相关系统性训练的我们，或许并不能准确地分辨二次伤害和正当防卫的界限，更无法判断自己是否真正有能力控制局面。防身物品如果反被用作伤人的工具，产生的不利影响以及为此消耗的警力将远大于对其进行的管制。

既然如此，未来社会我们又如何获得安全感并保护自己呢？

我们常常假设未来会怎么样，其中的重点往往在于我们是如何想象未来，未来这一观念时间在我们的思维结构里处在什么样的位置。就像人们对未来技术的想象是基于工业革命以来人们目睹技术对于社会的改变，从而想象下一轮的技术演变会给未来社会带来什么，也可以就人们对于暴力的态度和解决方案这一命题设想，如果我们现下摒弃以暴力手段应对暴力事件的做法，在解决方案上从暴力走向法治，那么未来也许可以依据这个基础，使对于暴力事件的应对处理真正实现从法制观念层面演变到道德层面，无论这将会是多久以后的未来。

在信息技术高度发展的今天，防身这件事不应该还只停留在原始的进攻、防守，应该发展出一种提前感知危险、合理规避风险、适时判断时机的自我保护的安全防范意识，避免将自己暴露在危险的情景下。因此在设计中，我为 Arms 构建了一个专属的使用语境：它将组成这座城市的安全交互地图。或者你可以将它理解为人们在与一个城市进行互动：人们通过 Arms 了解并掌握这座城市实时的安全信息、安保部署、交通、医疗等情况，并根据自己在这座城市生活的经验，向系统提出一些切实可行的整改、修复意见，共同点亮城市地图中的安全区域。

社会安全共享系统将会实行分区管理，嫁接现有的公安管辖区域，并参考这片区域的具体功能，把城市划分成更加细致的小区域作为管理的小单位。在每个区域内都设置一些安全共享工作站，充当信息收集基站，人们可以在此租赁配套产品。这就像是开放式地图游戏里面把负责传送玩家的信息塔和补充装备的补给站合二为一。把这个安全共享工作站分管区域内各功能场所（如便利店、商场等公共场所）的准确开放时间以及客流等要素在系统中完成可视化，并按照用户的出行方式需求为他们规划有安全保障的出行计划。同样，在紧急情况下也可以帮助他们制定相应的行动规划方案以及警务的快速营救路线，进行更加高效的双箭头营救计划。在提供社会安全共享系统的同时，Arms 为用户准备了别针、首饰等多种形态的可穿戴产品，用以帮助用户进一步预防危险的发生，并在危急时刻简化救助工作。

首先在预防危险方面，通过用户的授权之后，可穿戴产品将录入使用数据来完善关于人流量的信息。这样可以帮助排查城市内"安全死角"的工作，就像游戏中执行探索并点亮完整地图的任务。在更接近危险的阶段，可穿戴产品设置了实时监控的震慑功能去约束人的行为并储存相关信息，以防止"后顾之忧"（例如为用户报警时提供先手资料，也可在处理纠纷时提供协助）。当用户处于允许使用监控功能的地图范围内时，便可开启摄像功能。当然为了保护隐私，让使用监控功能的用户明确自己应有的责任并加强审查是很有必要的。

当人们感到情况危急时，可穿戴产品的一键求助功能将会派上用场。在产品的左侧设置了两个按钮，用户在拿到产品且认证之后，按下上方按钮可持续发送定位等信息给警务人员，以寻求帮助，直至在系统中取消任务。下方的按钮将会发送相关信息给系统中设定的紧急联系人。简化的按键形式可以减少用户拨打电话、概括情况、描述位置等工作量，以及在沟通中形成的误差（例如口音、地名等），节约营救时间。产品右侧设置了强光灯的按钮，为用户在最危险时争取脱险的机会。

出行安全并不是某一个人的问题，因此，想要改善社会中的安全隐患，就要从"人群"这个设计对象入手，只针对个人的产品很难在个体融入社会团体时依然发挥同等作用。当社会群体具备成熟的意识之后，即使届时抽离所有的安全辅助产品，仅依靠社会群众的底线思维，依靠社会群众对自身的道德要求，也可以起到目前社会中安全辅助产品所起到的作用。因此，这套系统产品的设计的本质是包裹整座城市，将实时的社会安全信息与现有的管辖机制相结合，通过提高人们对于事件的可预测性、前瞻性来降低危险的发生概率，达到初步的去暴力目的。

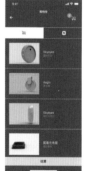

ARMS STUDIOS

_ARMs系列

通过对便携追踪的VR眼镜或光追踪分析，
寻要监控购买解实身攻貨安敌找况，公安部
等，照明地区，人流量，交通状况等更
能助力于让独自出行的人变得继续的更知
草。

Aegis

购买

配 件

购买

Skyeyes

购买

Skyeyes

购买

Arms 系列产品

笔记：

"

设计对我来说就是在不断重复的建立

自我和刨除自我的过程。

"

张宇轩

1996 年　出生于山东省

2019 年　中央美术学院家居产品设计专业本科毕业

现生活于北京市

25 / "游子手中线 X 慈母身上衣"——数字编程

作品名称：游子手中线 X 慈母身上衣

设 计 师：何淋

作品材质：编程、综合材料

设计时间：2021 年 09 月至 2022 年 06 月

我想向父母说一声"我爱你"，并通过设计帮助"耻于表达"的我来实现这个在中式家庭关系中显得尤为艰难的心愿。于是就有了《游子手中线 X 慈母身上衣》这件作品。

《游子手中线 X 慈母身上衣》是一台自动化交互毛衣编织机。它将子女打给父母的一通电话进行编译，并由此织出一件毛衣。

编织机交互流程如下：

1. 用户根据提示开始使用产品；

2. 用户打电话给父母；

3. 显示屏 a 实时显示由此次通话的内容编译成的图形；

4. 显示屏 b 实时显示由编译成的图形转化的编织纹样，其中当用户情绪激动时纹样颜色开始变化；

5. 编织机收到编织纹样信息后开始执行编织工作；

6. 编织结束后用户即可收取编织物。

人机交互流程

从
一通电话
到
一件毛衣

1.用户根据提示点击开始
2.用户打电话给父母
3.显示屏a实时显示由此次通话的内容编译成的图形
4.显示屏b实时显示由编译成的图形转化的编织纹样，其中当用户情绪激动时纹样颜色开始变化
5.编织机收到编织纹样信息后开始执行编织工作
6.编织结束后用户即可收取编织物

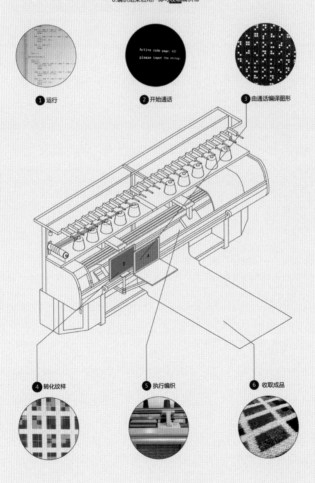

① 运行

Active code page: 437
please input the string

② 开始通话

③ 由通话编译图形

④ 转化纹样

⑤ 执行编织

⑥ 收取成品

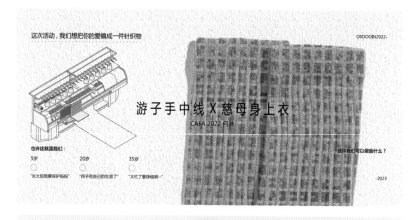

这次活动，我们想把你的爱编成一件针织物

游子手中线 X 慈母身上衣
CAFA 2022 何洋

也许这就是我们：

5岁　　　　　　20岁　　　　　　35岁

"长大后我要保护妈妈"　　"终于有自己的生活了"　　"太忙了要挣钱啊~"

或许我们可以做些什么？

-2023

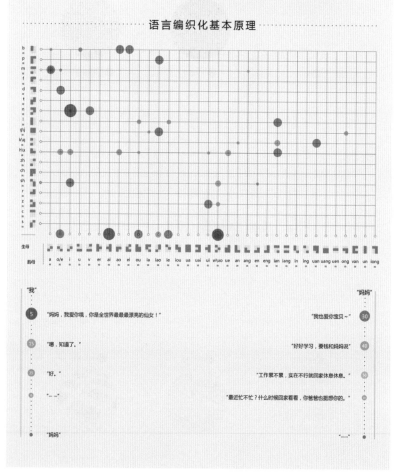

语言编织化基本原理

编织机后台运行逻辑如下：

1. 实时收录对话语音；

2. 将对话语音转为拼音并转为图形（自主开发程序：OSOOOIN GRAPHICS）；

3. 将图形转化为编织机可识别的电子纹样（自主开发程序：艺星制版 OSOOOIN）；

4. 将电子纹样和编织物的版型匹配（自主开发程序：艺星制版 OSOOOIN）；

5. 处理最终的电子纹样为编织机可识别的数据（软件：艺星制版）；

6. 编织机按照编译好的数据进行编织工作。

　　我一直纠结于一个长久的问题，我好像从来没有对父母说过"我爱你"。那央美毕业设计这个面向全国的大舞台可不可以成为一次我表达爱意的机会呢？于是我就这么做了。选择织物作为切入点，是因为我的父母就是做毛衣生产的，而且在中国传统文化中，人们也常用针织物传递亲人之间的感情。另外我也了解到，中式家庭关系中有一群和我一样的"耻于表达"的人。于是我想构建一个装置，引导使用者对至亲表达爱意，并以织物的形式传达。

　　本次产品实现的契机在于目前自动化编织机使用的软件都属于小型自主研发产品，所以通过父亲的帮助，我找到了某开发该种软件的公司，并获得了部分关键的原始数据。也得益于他们的合作与帮助，本次交互装置所需的程序在 3 个月内完成了相关的开发。

　　本次毕业设计的核心其实是以织物作为传情的桥梁，对编织过程的交互化再设计，推动人们以此表达自我，加强家庭情感建设。但是我不希望这个作品是一个临时性的体验，我希望能够在这样的逻辑下建立一个织物传情的品牌，发挥更大的影响力，而这也是一条没有人探索过的道路。

　　基于此，我创立了自己的织物品牌"OSOOOIN"，并在北京市海淀区成立了相关工作室。工作室目前已经开发出了 4 种产品对应的程序，有毛衣、帽子、围巾、袜子。用户可以根据自己的喜好选择颜色、款式和材质。相关产品也在持续研发中。

建立织物传情品牌OSOOOIN

OSOOOIN X 2023产业线

#OSI N035

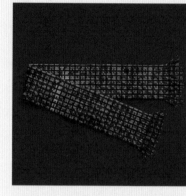

#OSI N025

#OSI N001

#OSI N023

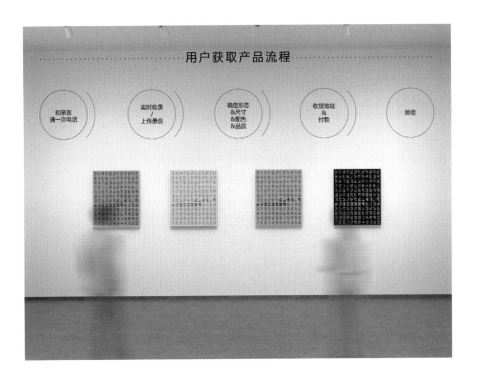

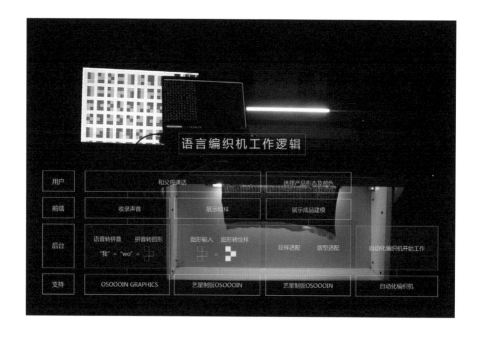

"

设计是一种引导用户挖掘自身需求的过程，
而非创造需求。

"

何淋

2001 年 出生于北京市

2022 年 毕业于中央美术学院

2023 年 创立自己的毛衣工作室

26 / 易受惊生物——智能佩戴产品

作品名称：易受惊生物

设　计　师：公昭希

作品材质：综合材料

设计时间：2020 年 09 月至 2021 年 06 月

居住在首饰里的生物会被光线、声音等要素惊吓到，是极易受惊的生物，不同的易受惊生物会根据其受惊环境做出不同的反应，即使是相同的刺激，也会有不同的反应。从人的角度来看，在生活中，这些生物会陪同我们感受周围的环境信息，实时给我信陪伴的感受；从生物的角度来看，这些生物只能被动接受声音、光等信息的困扰。

　　作品的设计初衷是共享人生活中的感受，给人以陪伴感。关于陪伴感，可以考虑电子生物的形式，另外"云养宠"也是一个很受欢迎的形式。人们为了让宠物陪在身边，甚至佩戴活体宠物首饰，这是十分违背人道的，而电子生物不会。为了让设计产品兼具便携性与陪伴感，作品选择了首饰与电子生物结合的形式，同时为了与现实宠物区别开来，避免给人带来不适感，电子生物的外观也尽量采用抽象的表达。

　　在人的众多的感受中，五感之一的听觉是作品的首选考虑因素，我们每天都在被动接受着众多的听觉信息，如果长时间暴露在高分贝的声音环境中，我们的听觉会被损害。作品把人接受的声音大小和生物感受声音的大小用视觉的方式呈现出来。

　　我设计了具有两种相反性格的生物，分别为外向型生物和内向型生物。外向型生物如

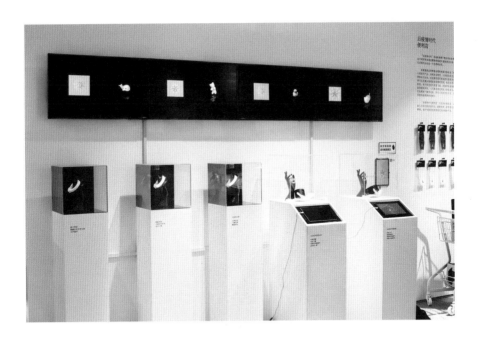

果在高分贝声音环境中会长出尖刺，内向型生物在高分贝环境中会蜷缩起来。声音起伏变化越大，生物表现越剧烈，通过"受惊"的形式，可以及时反馈当时共享的听觉环境。生物外表的设计是采用一种海洋生物的外观视效。在设计调研的过程中，我了解到噪声会影响到海洋生物。自然生物受到声音和光的影响而遭受的危害让我的设计又加上了一部分对声污染和光污染影响的生物模拟。我们人类无法忍受的噪声和明亮的灯光，生物也更加敏感，这也可以说是一种共享，希望我的设计能让人去关注这方面的危害。

　　产品的用户定位其实是更偏向于追求时尚的年轻人，在作品展览过程中，我得到的反馈也是如此。如果作品放在一些热闹的场合，想必交互体验效果会得到增强。现场有位小哥直接在作品旁边来了一段 B-box，也是很热闹了。在展览过程中，我对于作品也有一些意外的发现，展览中有一些听力受损的观展者在尝试自己发出声音后，获得及时反馈，流露出惊讶又开心的表情，那一瞬间我感觉到了自己的作品是能带给他们一些深刻体验的。作品设计的初衷是用视觉表现来表达共享的听觉环境。现在看来，它还可以有一种新作用：如果你听不到声音的大小，作品中的小生物还可以"提示"你。

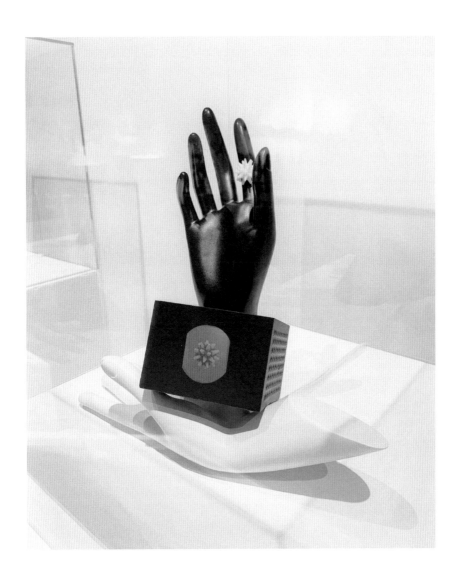

    还有一个小孩在读完两种生物的介绍之后，很开心地尝试体验作品，旁边他的母亲便立刻帮他解读，告诉他其实在生活中，有些人可能看上去很凶，但实际可能很胆小。有些人可能看上去很怯弱，但实际很有攻击力。这让我感觉到我想要传达的一部分意义是有被发现的，设计师和用户是有双向成全的，我们赋予产品一定的功能，用户在使用中会发现产品的更多功能，不断迭代产品而使其进步。

笔记：

"

设计是可以填补一部分空缺，共鸣一些情绪，体验一种未知。

　　　　　　　　　　　　　　　　　　　　　　　　　"

公昭希

1997 年　出生于山东省

2021 年　中央美术学院家居产品设计专业本科毕业

现生活于北京市

27 / 半完成的天空 —— 智能艺术

作品名称：半完成的天空
设　计　师：巫明栩
作品材质：综合材料
设计时间：2020 年 09 月至 2021 年 06 月

随着混凝土建筑的建筑密度逐渐上升，我们日常生活的空间也越来越狭窄而单一。胶囊酒店、地铁站里的时租办公隔间……线下空间的贫瘠将我们挤入了同质化现象过于严重的线上空间，我们对自然的关注减少，鲜少产生深刻的向内思考，也不再根植大地。

我以透过百叶窗的阳光为设计灵感，以当代都市人群对自我的审视为主题，设计交互型百叶窗灯，材料包括铝合金、树脂等，扇叶中的灯带根据人在窗前的位置产生明暗变化。当使用者的注意力集中在百叶窗灯上时，可以看见宛如从树叶的空隙间照射进来的日光般闪动的光影。

特朗斯特罗姆在诗集《半完成的天空》中写道："湖泊是对着地球的窗户。"湖泊为大地之镜，反射着天空，宛如给深厚的土地打开一扇轻盈的窗户，百叶窗灯借用其诗集名，试图模仿其意境，呈现反射般抽象的明灭效果，进而引出使用人群最熟悉的记忆与向内的自我思考。

在 产品落地的过程中，从模仿透过阳光的百叶窗，到显示抽象动态图案的 LED 屏幕窗，再到加入交互动作的装置灯，其实也是产品一步步变得越来越感性的过程。产品之所以从"安静旁观的灯具"演变为"会回应的灯具"，一是因为在不断调研中，被调研人群对情感功能的需求逐渐放大；二是因为我经历了和工厂对接的失误，因技术性问题而最终选择单色光源而非清晰具象的 LED 屏来显示图案。但从体验设计的角度来看，也的确是越抽象的光影形状，越能与使用者所经历的独特场景记忆重叠，从而引起使用者的共鸣。

在制作毕业设计的过程中，我也学会了很多与设计并不直接相关的东西。设计并制作一个产品或装置不只需要不错的想法，而和厂家、3D 打印公司等相关方的沟通与自己对心态的调整让我真正有了"工作"的实感，也希望通过这次工作积累下来的经验与知识能够对我之后的生活起到积极的作用。窗传递光，遮挡光，同时也使人通过不同的角度观察生活中的意象。百叶窗虽然分隔了室外的图景，却能控制微妙的光影进入室内，营造出更

融入场所的另一种景象。《半完成的天空》不只是在空间上将窗外阳光与室内灯光融合，也尝试突破使用灯具的时间限制，不仅使家居更加美观，还能提高其在生活场所中的利用率。

时间与空间、光或影、沉思或放空，我最终的目的是让窗与使用者的自我意识产生微妙的重叠，让使用者真正深入思考自己的所在。在我的认知中，灯具产品不仅是充当《流浪地球》地下城中的LED屏，不是单纯地模拟自然与粉饰太平，而要试图让使用者的情感与精神得到思考后的满足，而非简单的麻痹。"半完成的天空"这个名字也意在于此，不同的人在灯前驻足，而他们独立的意识使此装置最终完整。特朗斯特罗姆是影响我少年时代的诗人，而用他诗集的名字为我的作品命名也算是一种告别与新的开始。如果有机会，我也希望继续完善《半完成的天空》这一装置，甚至，从我的设计初衷出发，把它做成可以在日常起居中使用的小体量产品，能够让它真正做一个冷静旁观、感性回应的交互灯具。

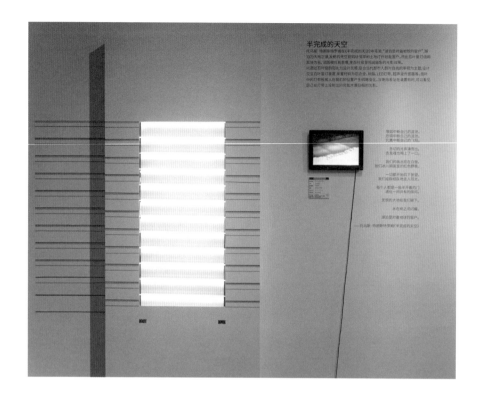

在百叶窗的开合与随着窗前人动作而产生的灯光的闪烁明灭中，令人联想到的是人在生活中抬头所看见的，被不同形状的事物所挤压，从不同的束缚中向外看见的天空。这一方光与影的形状并不旨在于让使用者遗忘自己正身在何处，更多的是提醒他们：虽然人并非处于理想世界中，也无法认识现实生活中不经任何镜面所反射的自己，但当人驻足思考时，也总能感到自我的影子；望向天空时，也能透过现实的窗缝看见希望。

"

对于我来说，设计像是努力连接一座座孤岛，
我又发现，人不是孤岛。

"

巫明栩

2000 年　出生于四川省成都市

2021 年　中央美术学院家居产品设计专业本科毕业

现为自由插画师

28 / 1IVE- 安 —— 智能服务系统

作品名称：1IVE- 安

设 计 师：但纯纯

作品材质：硅胶、ABS、综合材料

设计时间：2020 年 9 月至 2021 年 6 月

《1IVE- 安》是一款互助求救器，来自面向独居女性的家居安防品牌 1IVE。以产品交互和网络平台为依托，实现远程互助，以去中心化和人人参与的理论模式建立女性互助联合的乌托邦。设计采用房屋的轮廓，希望能烘托家的氛围。产品体积大小适中，易于携带和转移，灯罩部分使用软质硅胶，品牌名被凹印在外壳上。日常生活中产品可作为夜灯使用，遇到危险时按下底部一键求救按钮，求救器将在 App 平台上发送求救信息，每按一次将持续呼救一小时，通过 App 持续向同地区内的其他求救器发送信号，同地区内连接 App 的求救器，接收求救信号后会闪烁呼救，除非被求救者查看求救信息或呼救人取消求救，闪烁呼救才会停止。

《1IVE- 电子看门狗》这款产品是一个红外报警器，来自面向独居女性的家居安防品牌 1IVE。以可爱的外形设计重构现有的安防产品，满足女性的审美和对产品外形的需求。眼镜汪进行红外探测，检测到异常时发送信号给警报汪。警报汪有趴趴汪和懒腰汪两种外形，但功能相同，都是以高分贝吠叫震慑坏人，同时也警醒主人。

由于种种客观的、历史的、社会的原因，女性在社会生活中属于相对弱势的一方。这种弱势导致的问题或明或暗地渗透在女性的日常生活中，相较于异性来说，女性不得不或主动或被动地有了更多的担忧，进一步加重了女性天然存在的不安全感。囿于群体差异，多数异性无法在这方面与女性理解和共情。随着时代的发展以及女性地位与受教育水平的提高，越来越多的女性在社会生活期间将不可避免地经历独居生活，独居女性在安全需求上有无法避免的空白，因此作品定位为设计一套针对女性的家居安防品牌系统，1IVE 品牌由此诞生，1IVE 是将阿拉伯数字"1"与居住的英文单词"LIVE"结合并重构的产生的自造词，意为独居女性。这是一个只对女性开放的家居安防品牌，以互联网和科技产品为媒介，联合有相似安全困境的独居女性，将这些天然的盟友凝聚为具有共识的互助群体，通过女性互助群体的力量守护个人的安全。

线上 App 是专属女性的社交互助答疑社区，线下产品则分为安防产品系列和互助产品系列。线上 App 分为社交、求救、商城三大板块，通过社交功能增加用户粘性，扩大品

牌的知名度和认可度，线下的产品通过商城与 App 平台联动，将 App 用户转化为品牌粉丝。线下产品中的互助求救器需要与 App 的互助区联动使用，每个求救器有唯一的注册码，将注册码与本人身份绑定后才能开启求救板块，变相提高使用门槛，筛选出适合使用互助产品的用户，降低虚假求救的概率。

笔记：

"

设计是着眼现实，发现问题，并想办法解决它。

"

但纯纯

1999 年　出生于湖北省十堰市

2021 年　中央美术学院家居产品设计专业本科毕业

现生活于北京市

29 / Symbol Toys —— 交互模块化游戏

作品名称：Symbol Toys 模块化玩具
设 计 师：吴宪锋
作品材质：亚克力
设计时间：2019 年 06 月

模 块化玩具 Symbol Toys 是一款未来儿童玩具，它通过新媒介的介入来形成新的互动形式，让模块玩具以平面形状的形式出现屏幕上，通过不同角度生成不同图形，儿童可对其进行有目的的拼接，以此锻炼想象力与几何认知能力，达到从二维到三维，从抽象到具象的思维转化，同时满足了儿童的互动体验与成就体验。

作品产生于我大学本科毕设阶段，当时我沉迷于玩游戏，也想要成为游戏设计师，便想要做游戏相关的作品。但毕竟是做产品设计，所以还是要收敛一下形式。在和我的各位导师进行思维碰撞时，我接纳了很多建议与意见，把精力落实到形状学习中（尤其是针对儿童）。于是我花了大量时间进行形状设计与形体设计，保持每个形体的不同面有 3 个不同的形状，于是我创造了 6 个不同性格的形体与 18 个形状，在这个过程中我找了很多设计师朋友进行了选择与创作，找到了部分形状的使用规律，整合了一套算法。

由于我的大部分专长在于平面设计，所以在和程序外包的对接中也出现了很多问题，但值得庆幸的就是最终这个想法实现了。通过选择形体中的形状来完成形体实体与新媒体形状的转化，这个过程很像拼图，通过寻找自己需要的那一块来完成自己的创作，但这样的方式太过被动，

只能作为消遣，我的作品可以算是对拼图的一种解构与改良。在美术馆展示产品的当天，很多人对这款产品是很感兴趣的，大部分是小朋友，他们表现出浓厚的兴趣与成就感，基本能通过家长的指导或者自主完成游戏过程。我觉得小朋友在接触世界中新事物的新鲜感与敏感度比我们要好很多，所以当他们的体验很顺畅，并且有很多小朋友排队等待体验产品，我站在旁边就已经觉得我的作品很成功啦。

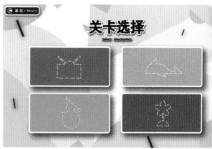

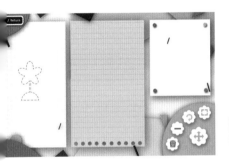

Symbol toys 界面

COMBINATION
PACKAGAING

4— 8

More content needs to be downloaded on the official website

笔记:

"

设计是一种'场'，这种'场'的创造者能令'场'内的体验者得到易于理解且丰富的收获。设计也是一种计算，它是美学、科学、心理学及社会学等综合学科的整合，也会随着社会的不断发展与大众审美的提高衍生出不同的定义与变化，因此不断地学习经验，不断地体验新鲜生活，才能够创造出有趣的、符合当下时代需求的设计，遵守以上原则也是设计师们需要肩负的责任。

"

吴宪峰

1998 年　出生于黑龙江省哈尔滨市
2019 年　中央美术学院产品设计专业本科毕业
现生活于北京市，就职于西山居

30 / 虚拟之下 ——数字化虚拟与现实

作品名称：虚拟之下 The shape of emotion
设 计 师：郑铁木
作品材质：光敏树脂
设计时间：2019 年 05 月

因为现当代社交网络的隐匿性与隐形性，人们在日常生活中隐藏的情绪都会在社交网络中表达出来，这种情绪被称为"社交网络下的隐匿情绪"。在这种环境下人们不必承担社会责任，不必具备基本道德观，因此出现了诸多问题。该产品通过收集社交网络上个人用户言论及行为习惯的特点，与数字化设计结合，表达人们在网络中的情绪化程度，同时转化为个性化饰品。希望用户能借此了解自己在网络中的情绪状况，关注自身的心理健康。

毕业设计最初的想法来自大三的一个品牌课题。这次课题要求我们构建出关于个人品牌的设计概念。我引用了网络中经常出现的"人设"这一概念。在这次课题中，我基本上做出了毕业设计的雏形。在毕业设计中，我继续沿着"人设"这一关键词深入调研，然后在心理学相关的资料中发现了"网络虚拟人格"这一现象，由此展开关于网络言论和情绪的一些思考。

因为社交网络的隐匿性与隐形性，越来越多的人喜爱在现实生活中隐藏自己的真实情绪，然后在社交网络中发泄自己的情绪，被称为"网络中的个人隐匿情绪"。人们如果觉得现实生活中有压力和约束，就会暂时抛开现实生活里的一些角色，在网络中使用网络虚拟人格，在网络上扮演不同的角色，不负责任地发泄情绪。

每个人都会发泄情绪，在网络中人们对只言片语的理解会被无限放大，某种程度上情绪也被放大。情绪的发泄让我意识到情绪的变化时高时低，类似数学中的函数曲线。有趣的是，在设计这次毕业作品的过程中，我个人也正经历一段感情上的起伏。所以，我把情绪量化，每一种情绪都被给予一个数值。然后在建模的参数化软件中设计了一套程序。当我输入不同情绪数值时，软件会生成不一样的模型。通过这样的操作，我可以得到一些个性化的模型。数字设计与个人情绪结合，让我更倾向于呈现饰品这类最终成果。这样就有了数字化设计的一套初步方案。所以，在毕业设计展示中，我也采用了我在经历情感起伏过程中发表在朋友圈的言论。展示中每一个模型就代表某一日我在朋友圈中发泄的情绪。换而言之，我的设计也是一种立体的数据可视化表达。更深的一层意思是让人在拥有个性化定制的饰品的同时，也会对饰品的造型产生思考，启发人能关注网络心理健康问题。

作品最后其实只是展现了设计中的一部分。最初我的想法是设计一套定制个性化饰品的系统，作品分为两部分——前端和末端。前端是我毕业设计中的 App（包含情绪模型的算法），在个人电脑或是手机中登录 App，关联上个人社交媒体账号，选择个人在社交媒体中的发言，即会匹配上相应的模型。末端是一套相应的打印机器，类似 3D 打印机，打印出相应的模型。对于毕业设计来说，总有很多因素让人不能做到尽善尽美，我也希望自己在今后不断进步成长，有足够多的时间去慢慢改进作品。

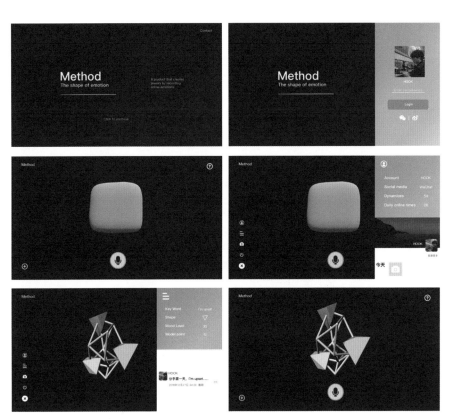

Method 界面流程：登录—语音交互—识别关键词—生成模型—3D 打印

"

设计是沟通各个学科的桥梁。

"

郑铁木

1996 年　出生于湖南省张家界市
2019 年　中央美术学院产品设计专业本科毕业

展览
2017 年　中央美术学院下乡写生优秀作品展
2018 年　第三届"新技艺"国际青年工艺美术展

31 / 呼吸的屏风 —— 自然材料与新工艺

作品名称：呼吸的屏风
设 计 师：赵晟然
作品材质：新型蚕丝复合纤维、铁
设计时间：2014 年 05 月

沐浴在大自然中，全身心放松，一切都是那么惬意、自然、舒畅。对与自然和谐共处的追求是人类不变的主流哲学文化和思想，世间所有的物都有自己的生命，譬如中国文化中的灵性一说，便是此次设计的精神内核，我对传统屏风家具进行颠覆设计，将新型蚕丝复合纳米纤维材料和铁艺进行整合，形成或是屏风或是家具呼吸体的精美物件。

赋予现代家具生命感和多层功能性，使之更好地与生活、自然和谐为一体。

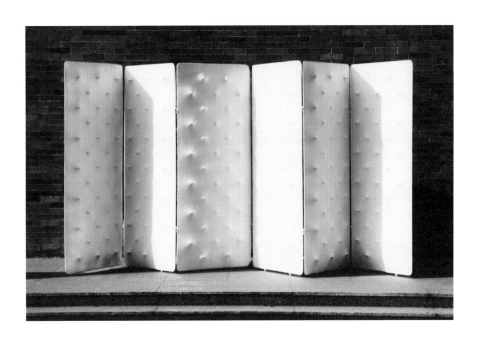

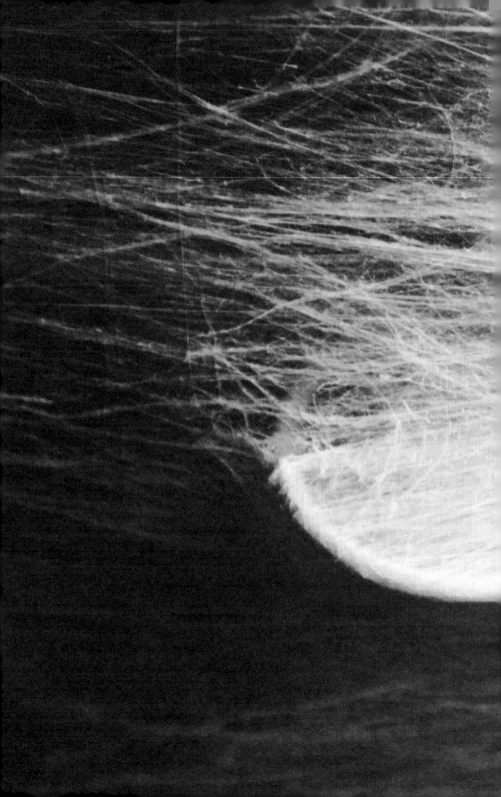

黑夜并不只有一种色彩，在黑暗之中，一切喧闹与嘈杂都销声匿迹，在无尽的夜色中点亮一盏别致的灯，让周围笼罩着温暖的感觉，让生活依旧延续阳光的彩色。"有灯的地方，总会有 FLOS。"正是那年在大家都为毕业设计煞费苦心之时，我因为一个偶然的机会在商场看到这样一段话，它顿时给予我一些毕业设计中的创作启发，于是次日我立即从北京南下来到了广州，在广州家居展览上第一次见到 FLOS。这个来自意大利的灯具品牌将蚕丝与灯具结合，将艺术与产品完美衔接，给我留下深刻的印象。

　　"薄如蝉翼，轻若烟雾"是对蚕丝最好的形容，蚕丝对于从小生活在南方的我并不陌生。我国对蚕的饲养和利用已经有上千年的历史，蚕丝是一种天然纤维，在过去漫长的历史中，蚕丝为人类健康和美化人类的服饰做出了很大的贡献。但是真正在家居产品中使用蚕丝还是很少见，这也使得我对 FLOS 复合纤维喷丝工艺非常感兴趣。后来经过大量的调研，我了解到这种工艺在广州中山古镇这个地方较为集中，于是立即过去实地考察这个特殊的 "Coocon" 技术。"Coocon" 技术指的是一种新型的喷涂复合纤维技术，将复合纤维通过这种技术喷涂在预制的金属架上，便会产生云状物质，仿佛蚕丝缠绕而成。从毕业设计开题开始，我就一直希望自己的毕业设计能找到一个自己真正感兴趣的方向，了解到这个工艺之后，我基本上也确定了要用

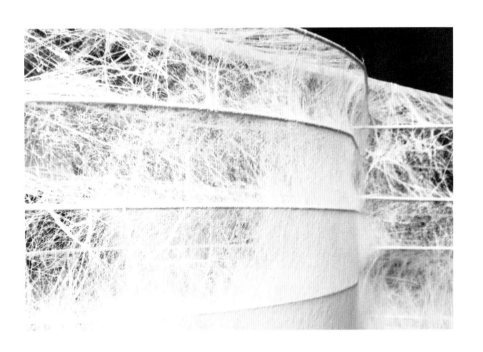

这种工艺来创作自己的毕业设计。接下来我不断与老师们进行沟通，制作一组艺术造型与现代工艺结合的屏风成了我的毕业设计确定方案。

　　屏风的主要设计构思是将铁艺和蚕丝复合纳米纤维材料相结合，把新的工艺材料技术运用到屏风设计上。蚕丝复合纳米纤维材料工艺简单来说，是先将蚕丝脱胶、溶解、透析、化纯、晾干，得到纯的丝素蛋白。然后结合纳米技术，合成出一种蚕丝复合纳米纤维材料。最后再结合喷丝技术，进行产品工艺上的制作。蚕丝复合纳米纤维材料具有非常好的韧性，经过几次模型造型研究，我倾向于用比较夸张的造型来打破传统屏风较为固定的造型语言。

　　现代家居不再是单一体现产品或者功能性，产品与空间、环境、材料的综合运用以及深化立体设计越来越受到设计师的关注。通过此次家居产品设计，我想设计出略微夸张的、有肌理感的屏风造型，以呼吸为生命感受，结合蚕丝复合纳米纤维材料，将艺术造型和现代工艺相结合，并且利用屏风这一载体来体现我对现代家居产品在材料运用及空间语言上的认识。我希望可以将这种新型材料更广泛地用于家居产品设计中，深化现代家居产品与自然、空间以及材料三者之间的依存关系，更加形象地体现现代家居产品在家居空间中所扮演的新角色。

喷丝制作

"

设计是赋予物质新的意义,是对人造事物更美好的呈现的追求!

"

赵晟然

1987 年　出生于湖南省
2014 年　中央美术学院家居产品设计专业本科毕业
现生活于长沙市,就职于湖南长沙十方上品艺术培训学校,任学校校长

展览
2015 年　《呼吸的屏风》参加"千里之行"全国重点美
　　　　术学院优秀毕业作品全国巡展

32 / 混凝土文具 ——材料重生试验

作品名称：为画画的人设计—混凝土桌面置物组
设 计 师：蔡明铭
作品材质：混凝土
设计时间：2017 年 05 月

我对混凝土最深刻的记忆就是儿时学画时，画室的水泥地面是让铅笔变尖最好的工具了。每次削完铅笔，我总是喜欢在地上摩擦笔尖，找到笔尖最顺手的角度，以此为契机，我想为画画的人设计一套桌面置物组，满足画画的人的一些小习惯，使他们作画的时候更加得心应手。置物组包含一个粗糙的水泥平面（用来摩擦笔尖）、三个水泥小球（分别为转笔刀小球、收集图钉的磁铁小球和放置重要的"那支笔"的小球笔架）、三个敞口盘（方便清理笔屑和扩大空间）和两个四边封口盘，这几个物品可以任意组合、搭配、放置。

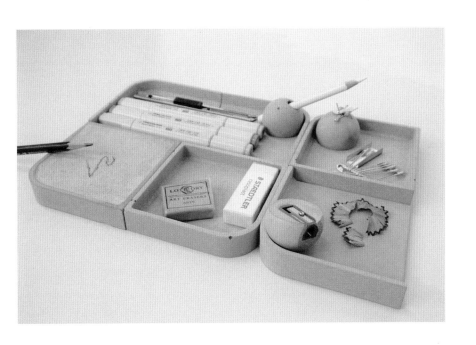

混凝土削笔刀

混凝土的粗糙肌理可直接用于摩擦笔尖

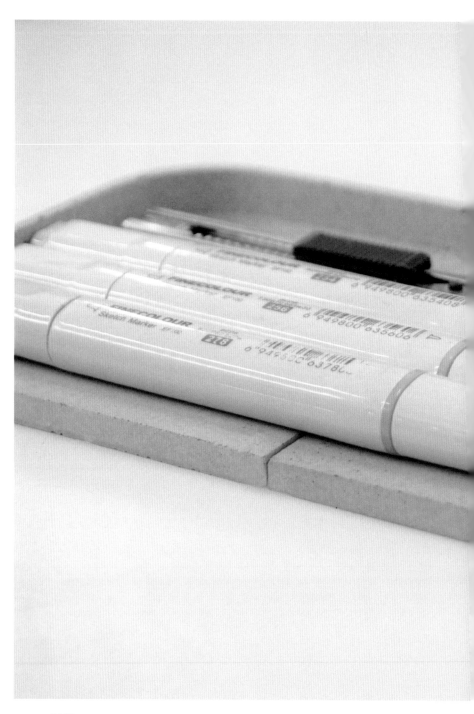

混凝土附加磁力，方便吸附图钉

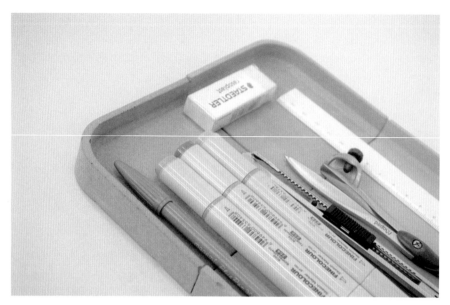

"

设计师可以创造出奢侈品，但设计本身并不是奢侈的。

"

蔡明铭

1993 年　出生于吉林省吉林市
2014 年　毕业于中央美术学院附中
2018 年　毕业于中央美术学院产品设计专业
现就职于北京新世相文化有限公司，任产品设计师

33 / ATUM —— 产品"医疗"服务系统

作品名称：Alaways Take your Medicine
设 计 师：黄明辉
作品材质：综合材料
设计时间：2020 年 05 月

近年来，随着抗逆转录病毒治疗 (anti-retroviral therapy, ART) 的广泛应用，对于 HIV 感染者来说 AIDS 已经成为一种慢性疾病。而由于 AIDS 的不可治愈性、并发症多等特点，HIV 感染者存在着较多的心理问题，这些因素则会进一步导致其生活质量降低、健康水平低下等问题。而通过对 HIV 感染者进行相应的医疗设计，我希望能借此改善 HIV 感染者的生活质量，给予他们心灵和情感上的支持，同时也希望帮助社会公众了解以及认识 HIV 感染者的生活现状。

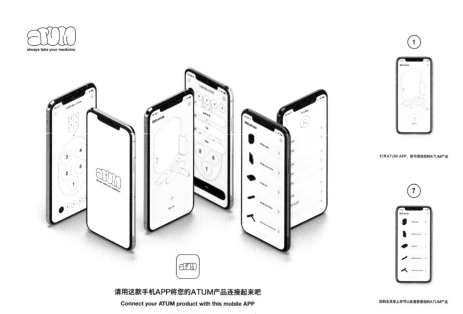

请用这款手机APP将您的ATUM产品连接起来吧

Connect your ATUM product with this mobile APP

designed by ATUM in Beijing China

打开ATUM APP，即可添加您的ATUM产品

回到主菜单上您可以任意查看您的ATUM产品

我想要给 HIV 感染者做医疗产品设计，是源自我在北京的一家医疗机构做 HIV 检测咨询志愿者的个人经历。当我在做志愿服务的时候，有时会遇见 HIV 感染者。我记得有一个周末的下午，那天的来访者比往常要更多，我和其他志愿者照常进行 HIV 检测咨询服务。这时来了一个很年轻的小伙，我给他做完了 HIV 快检后，询问了一些检测流程上的问题。在咨询环节中，我发现这个小伙一直在偷瞄桌子右侧的快检试纸（正常检测完后，我们志愿者需要将试纸放在一边，以便在后续的咨询流程中来访者不会因为试纸而分心），然后我突然瞟见桌子旁的快检试纸渐渐浮现"双杠"（HIV 阳性反应），这时我稍微有些慌乱，我定了定神，马上将试纸拿开，让他回归正常的咨询环节。在后面的咨询环节中，小伙还是神经紧绷，对我问的问题也没心思回答了，我只记得那 15 分钟的咨询过程紧张而漫长。检测结果明确且残酷，HIV 初筛阳性，我记得那小伙当场崩溃，痛哭流涕，我一时蒙了，不知道要如何安慰他，我只感觉平时训练的各种话术在遇到 HIV 感染者的时候都不管用了。我记得当时我是硬着头皮做了初筛阳性后续程序和介绍四免一关怀政策，最后小伙在护士的劝说和帮助下转介成功，那是我第一次检测出 HIV 阳性感染者。

后来，我又断断续续地检测出一些 HIV 阳性感染者，有些人像之前那个小伙一样当场崩溃，

但更多的是麻木且不知所措，这些 HIV 感染者的过往和我的这些短暂的检测经历和让我萌生了想要为他们做些什么的想法。

　　当想法开始萌生，我便开始寻找帮助他们的方法。我进行了许多前期调研，同时询问了一些志愿者朋友和 HIV 感染者，然后提供问卷、收到反馈，在不断的否定和改善后，确定为 HIV 感染者做这样一系列的医疗产品——《ATUM》，"ATUM"意思是"always take your medicine"，意味着我希望 HIV 感染者能够一直带着他们的药物。在大家看来，"服药"这样的行为并不是很值得设计师专门为此进行设计的，但是对于 HIV 感染者来说，每天按时按量服药是生活习惯，像吃饭、睡觉一样，是一天的生活中必不可少的一部分。于是我围绕着"服药"这一核心，在充分了解 HIV 感染者的就诊流程、生活习惯和服药情况后，设计了这样一款智能药盒，并设计了整个服药流程。在设计过程中，我一直关注 HIV 感染者的感受和体验，开始，我在对前期的调研数据进行分析后，设计了很多繁复的使用过程，这些使用过程固然能够解决 HIV 感染者按时按量服药的需求，但是太过于烦琐，没有太多考虑 HIV 感染者的使用感受。于是我通过第二次问卷以及产品调研，最终确定将智能药盒与手机壳二者结合，简化了使用流程。当我将这一方案传递给我的志愿者朋友以及 HIV 感染者朋友时，他们也秉持着乐观的态度。这

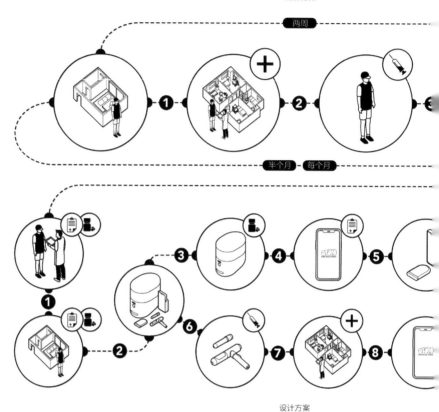

款智能药盒会与手机 App 相连，实时监测 HIV 感染者的服药过程，HIV 感染者也能在 App 上获得相应的服药信息。这些信息最终会传递给医生，医生会根据每位 HIV 感染者的服药情况制定出相应的改善和调整方案。HIV 感染者只需要每日携带这款智能药盒，即可改善其每日的服药行为。我在后续的服务设计中通过对智能药盒和 App 的各个操作环节的把控，主要解决了 HIV 感染者服药行为问题，同时优化了 HIV 感染者的体验，节省了 HIV 感染者的服药时间，也尽量缓解 HIV 感染者终身服药的消极情绪。而我通过用户服务设计，从更专业的角度认识了如何缓

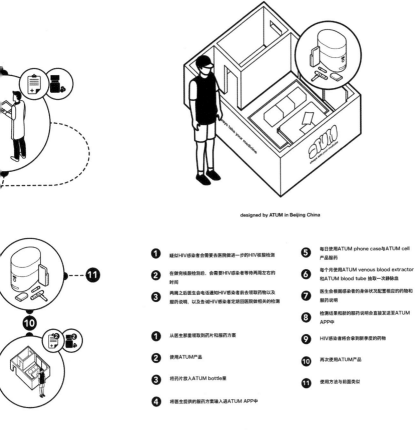

designed by ATUM in Beijing China

① 疑似HIV感染者会需要去医院做进一步的HIV核酸检测

② 在做完核酸检测后，会需要HIV感染者等待两周左右的时间

③ 两周之后医生会电话通知HIV感染者前去领取药物以及服药说明，以及告诉HIV感染者定期回医院做相关的检测

① 从医生那里领取到药片和服药方案

② 使用ATUM产品

③ 将药片放入ATUM bottle里

④ 将医生提供的服药方案输入进ATUM APP中

⑤ 每日使用ATUM phone case与ATUM cell产品服药

⑥ 每个月使用ATUM venous blood extractor和ATUM blood tube 抽取一次静脉血

⑦ 医生会根据感染者的身体状况配置相应的药物和服药说明

⑧ 检测结果和新的服药说明会直接发送至ATUM APP中

⑨ HIV感染者将会拿到新季度的药物

⑩ 再次使用ATUM产品

⑪ 使用方法与前面类似

解 HIV 感染者的记忆负担，为 HIV 感染者解决重复性服药问题。

　　在针对 HIV 感染者进行相应的医疗产品设计后，我希望能借此真正改善 HIV 感染者的生活，给予他们心灵和情感上的支持。更重要的是，我同时也希望通过关怀设计帮助大家了解和认识 HIV 感染者的现状，希望社会大众重视这一群体。我希望我的设计能帮助医疗产品开发企业以系统的视角认识患者的需求，从而能够促进公共医疗设施的发展。

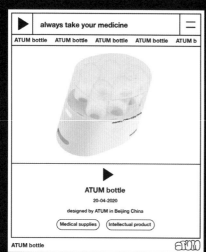

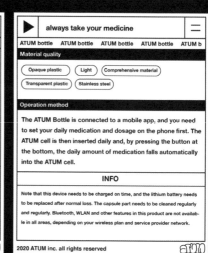

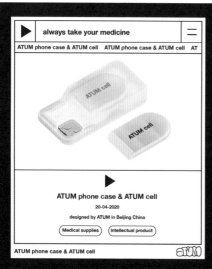

Panel 1 (top-left):

▶ always take your medicine ≡

ATUM blood tube   ATUM blood tube   ATUM blood tube   ATUM bl

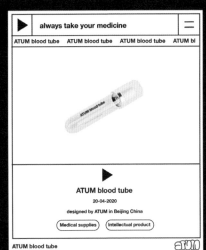

▶

ATUM blood tube

20-04-2020

designed by ATUM in Beijing China

(Medical supplies) (Intellectual product)

ATUM blood tube   aTUM

Panel 2 (top-right):

▶ always take your medicine ≡

ATUM blood tube   ATUM blood tube   ATUM blood tube   ATUM bl

Material quality

(Transparent plastic) (Glass)
(Stainless steel)

Operation method

The ATUM blood tube needs to be used with the ATUM venous blood extractor. When you use the ATUM blood extractor to take out the fresh venous blood, you need to take the ATUM blood tube out and put it in the cryopbox we provide for you, and then you need to send it to the hospital.

INFO

It is important to note that the ATUM Blood Tube is disposable and, as it is made of glass, you need to avoid collisions after use. If you cannot get ATUM blood tube to a hospital in time, you will need to refrigerate it.

2020 ATUM inc. all rights reserved   aTUM

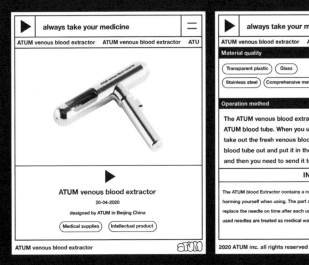

Panel 3 (bottom-left):

▶ always take your medicine ≡

ATUM venous blood extractor   ATUM venous blood extractor   ATU

▶

ATUM venous blood extractor

20-04-2020

designed by ATUM in Beijing China

(Medical supplies) (Intellectual product)

ATUM venous blood extractor   aTUM

Panel 4 (bottom-right):

▶ always take your medicine ≡

ATUM venous blood extractor   ATUM venous blood extractor   ATU

Material quality

(Transparent plastic) (Glass)
(Stainless steel) (Comprehensive material)

Operation method

The ATUM venous blood extractor. needs to be used with the ATUM blood tube. When you use the ATUM blood extractor to take out the fresh venous blood, you need to take the ATUM blood tube out and put it in the cryopbox we provide for you, and then you need to send it to the hospital.

INFO

The ATUM blood Extractor contains a rather sharp needle, which you should avoid harming yourself when using. The part of the needle is disposable, and you need to replace the needle on time after each use of the ATUM blood Extractor. Attention, used needles are treated as medical waste!

2020 ATUM inc. all rights reserved   aTUM

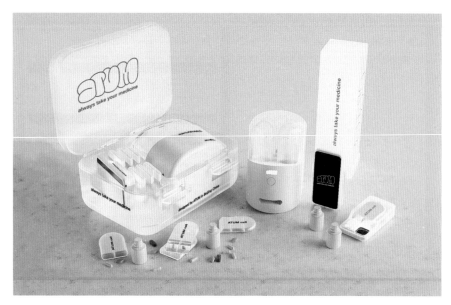

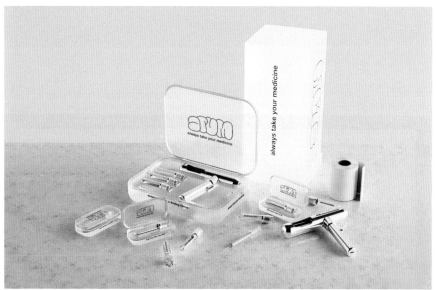

设计不是一种技能，而是捕捉事物本质的感觉能力和洞察能力。

黄明辉

1998 年　出生于湖北省宜昌市

2020 年　中央美术学院产品设计专业本科毕业

现生活于北京市，就职于 Field research office，任室内建筑设计师

展览

2017 年　中国学生玻璃作品展

2018 年　未来·九人展

2020 年　2020 年中央美术学院本科生毕业作品展

34 / New Fashion Definition —— 呼吸装置

作品名称：New Fashion Definition
设 计 师：徐一凡
作品材质：综合材料
设计时间：2019 年 01 月至 2019 年 03 月

冬季的时装周上，很多服饰设计跟皮毛分不开，虽然现在很多商家使用人造皮毛，但是很多品牌为了追求质感和不必要的时尚，残忍地使用动物皮毛。当动物还是活着的时候，皮毛就已经被剥了下来。

时尚需要重新定义，我的衣服的设计参考最常见的蛇皮，并且衣服材质用了不同的材料，仿蛇形部分非常柔软，更贴合蛇在身上的感觉。它会呼吸，会进行蠕动记忆编码，使仿蛇形部分按照蛇的蠕动规律运动。一旦人触碰，衣服的仿蛇形部分就可以蠕动。当人真正穿上它的时候，能感受到好像蛇在身上爬行。衣服有好几层，更让人有种似有非有、看不清、摸不透的视觉体验，能让穿着的人有种真实动物附着身上的触感。这会让人们重新思考什么才是时尚，难道一定是暴力的取材才能更接近时尚的定义？

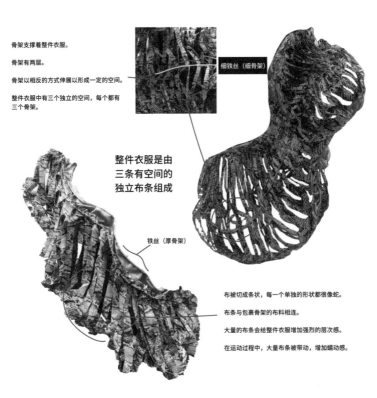

骨架支撑着整件衣服。

骨架有两层。

骨架以相反的方式伸展以形成一定的空间。

整件衣服中有三个独立的空间，每个都有
三个骨架。

细铁丝（细骨架）

整件衣服是由
三条有空间的
独立布条组成

铁丝（厚骨架）

布被切成条状，每一个单独的形状都很像蛇。

布条与包裹骨架的布料相连。

大量的布条会给整件衣服增加强烈的层次感。

在运动过程中，大量布条被带动，增加蠕动感。

关于骨架和裙摆外观的一些细节

新时尚

底层的衣服（材质坚硬，易成型，立体效果强）

1. 舵机带动齿轮，齿轮带动页扇转动

2. 把所有的伺服器固定在衣服的背面

3.Arduino扩展板固定在衣服背面的中间。

4. 所有的设备都放在后面，从前面看不见，也不会影响整体视觉效果。

定义

舵机不能转动太快。仿蛇形部件缓慢地爬行，采用较重的线，防止转动过快。

呼吸

1 在最初制作时，衣服只有一层，比较松散，缺乏立体感。

3 在装置中，除了机械蠕动，空间本身也会随着运动变化。

皮草大衣

2 后来在每种材料上加了一根铁丝，但铁丝太软，又在两根铁丝之间固定了一根铁丝，进行支撑。

衣服会蠕动，它紧紧贴在皮肤上，就好像会呼吸一样，使用者会直观地感受到动物在呼吸一样的感觉。

呼吸

材料是氨纶，更具弹性，但不像丝绸那么脆弱。
主要以灰色蛇纹为主。

其他地方用灰布包裹。

灰色蛇纹

采用镂空的方法（如蛇身上的条纹），
既节省面料，又减轻重量。

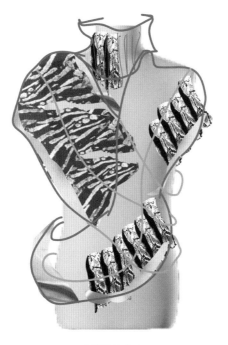

服装样式

笔记：

35 / Respond —— 数字化交互与"数据"对话

作品名称：Respond
设 计 师：徐一凡
作品材质：综合材料
设计时间：2020 年 02 月至 2020 年 05 月

我记得我看到过一种治疗抑郁症的方式，就是完完全全地放开自己，懒懒散散，将情绪慢慢淡化。也许是待久了，我也开始这样无规律、无目的地生活，直到有一天我对着墙发呆，我想起了伍尔夫的小说《墙上的斑点》，我开始拿找墙上是否存在着那种斑，看着看着，我猛地惊醒，决定走出去。

我家有个工厂，在一个不长但很陡的坡上，周围长满了植物。我是个很喜欢盯着某个东西想东想西的人，就如在地铁上，我会盯着一个人偷偷思考很久。我盯着这些植物很久，上面长满了虫子，密密麻麻，不留缝隙。不是所有的事物、所有的人都可以去适应。我想探寻点什么，就选择了植物。

我看到植被长得茂茂丛丛，于是我选了五株不同品种的植物。我将手机、电脑和植物连接起来，编写了程式。程式里有两个空间，一个是现实空间，一个是虚拟空间。在空间中，我创建的是我想看到的和我选择看到的，在所谓的现实空间中，植物会真的与我回应，我打电话，跟植物聊天，说任何想说的，通过我的程式，根据我打电话声音的大小和时间的长短，植物会做出摇摆等不同的回应。

之后会出现类似电子产品出问题时产生的雪花屏幕，体验过的人中，有人说他惊恐地以为

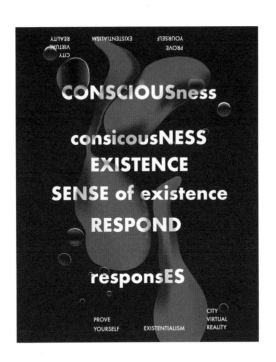

是自己的电脑坏掉了。如果电脑坏掉，可能世界都消失了。之后屏幕上出现排列整齐的类似植物细胞的东西。科学家去探寻事物大多从最小的分子出发，我再一次向现实世界中的植物拨打电话，屏幕上出现一个网状的平台，这个平台也就是虚拟空间，所有植物会像盖楼一样平地而起，因为思想也是这样，像建筑一样，是从平地而起的立体结构。根据程式设定，屏幕上会出现一个跟你聊天的植物网格状虚拟图像，这个图像可以保存在手机上。

我们在现实世界里或许再怎么思考，怎么行动，都不会找到所谓的意义与意义之后所想要的回应。但在我所创建的程式中，就像《黑客帝国》一样，一切由程式代码组成，我们却可以得到相应的回应。

You can talk to the plant.

可以和植物进行通话了。

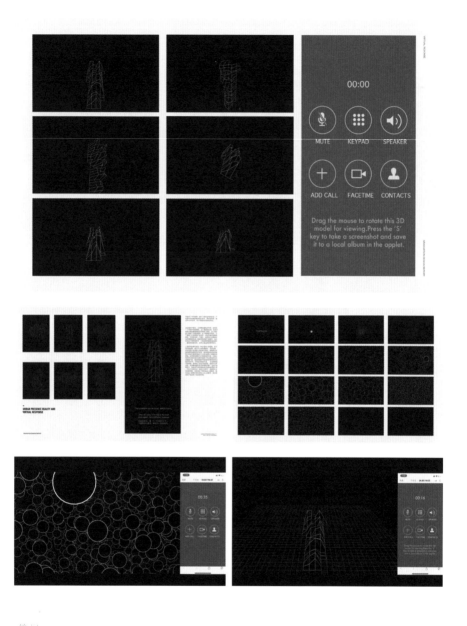

"

设计我喜欢野生的。

"

徐一凡

1996 年　出生于甘肃省兰州市
2020 年　毕业于中央美术学院产品设计专业本科毕业
2018 年　获中央美术学院"城市亲历"优秀成果奖
2018~2019 年　获中央美术学院二等奖学金

展览
2014 年　中央美术学院附中下乡优秀作品展
2018 年　"城市亲历"优秀作品展
2019 年　未来 · 九人展

36 / Hiraeth* —— 产品定制与系统化服务

作品名称：Hiraeth*

设 计 师：洪安如

作品材质：综合材料

设计时间：2020 年 05 月

Hiraeth* 是一家气味诊所，旨在唤醒你的记忆，让你追忆自己的少年时代。成长总是伴随着失去，岁月带走的不只是脸上的胶原蛋白，还有你最初踏入社会的热情和生活的信念。你的气质不再干净简单，甚至失去对情感的期待。

在这里，你可以用文字叙述你赧然的、不为人知的、刻骨铭心的故事，去回忆某段深藏的记忆以及这段记忆中穿插的气味和情感。Hiraeth* 会根据文字分析关键词及其频率，通过对不同香料的提取和配比来为你定制"药物"。就算回忆的内容一样，也会因为细微的描述差异而得到不同的成品，每份气味都是独一无二的、专属于你的。你也可以下载或打印你的"病历"，上面有"药物"的成分及"就诊记录"。 这份承载记忆的气味叙述着你的故事里的那些最令你印象深刻的岁月。

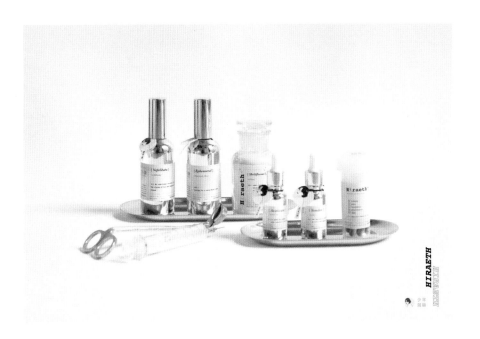

整体设计概念：将整个空间设计为诊所的形式，产品设计为药品的形式，表达了两方面的内涵。

「治愈」

用户在空间内定制产品的过程中，回忆自己少年时代的美好或难忘的故事。不管是春日校园里玉兰花的香味，还是洗得发白的校服上残留的洗衣粉味，每个人都能通过一种气味回忆起那段岁月。Hiraeth* 气味诊所就是通过文字的形式将记忆转化为气味产品，从此用户便可以将这份记忆随身携带。回忆美好是让人感到快乐的治愈过程，回忆不愉快是让人放下过去、释怀的治愈过程。而另一层治愈则是让当代年轻人或中年人回忆起自己少年时代意气风发的样子，给生活增添一丝活力。

「实验」

除了产品本身设计为药品的形式，精油的分装器也设计成玻璃针筒，蜡烛的剪烛器则对应手术剪刀，整体的材料多为银色金属、透明玻璃和镀铬玻璃，是为了突出医院或者实验室的感觉，让人在体验产品时有一种在进行实验的感觉。同时，这个气味诊所具有实验性，我将香水定制店和盲盒／扭蛋机进行结合，从中利用了人类的好奇心理以及怀旧心理，结合现今的时尚潮流，进行了一个有实验性的尝试。

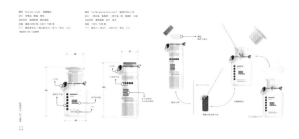

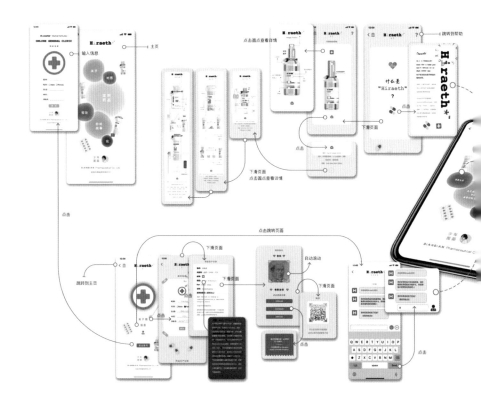

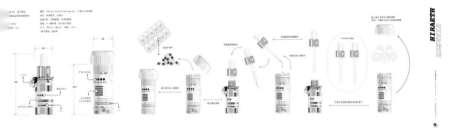

产品分析

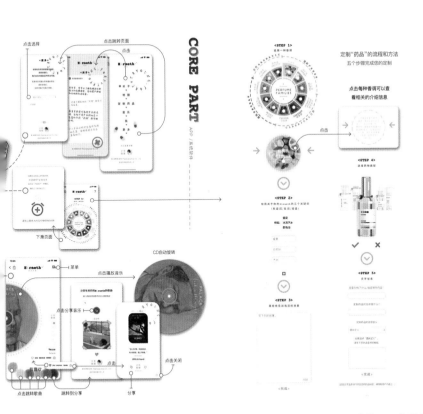

产品 APP 使用分析

/ 香水 /

包装材料：镀铬玻璃、塑料、纸。

造型设计：银色镜面药水瓶的外形，取下盖子是喷雾瓶，瓶身粘贴带有文字信息的标签，并绑有品牌 logo 标签。

/ 复方精油 + 扩香木与收纳瓶 /

包装材料：透明塑料、半透明塑料、纸、镀铬玻璃、硅胶。

复方精油：银色镜面滴管瓶的外形，模仿实验室中化学用具的造型。配合扩香木使用，使用时用滴管吸取几滴精油滴到扩香木上即可。瓶身粘贴带有文字信息的标签，并绑有品牌 logo 标签。

扩香木与收纳瓶：用医

/ 工具 /

剪烛器：银色不锈钢材质，模仿手术剪刀的造型，用于修剪蜡烛烛心，以防冒黑烟。

分装器：透明玻璃材质，针头为银色不锈钢材质，模仿针管的造型，用于分装精油。

托盘：银色镜面不锈钢材质，模仿医用托盘，用于放置工具和产品。

用透明药瓶作为收纳瓶，扩香木是用黑胡桃和红橡木两种颜色的木头进行拼合，设计成胶囊药丸的造型，8~10 颗为一板。购买后需要手动取出放入药瓶，用户可以自行加量购买。使用时将精油滴入瓶中的扩香木上，扩香木会慢慢散发精油的气味，上班或旅行的时候可以随身携带，打开盖子即可闻到气味。

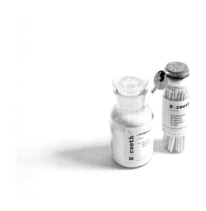

/ 香薰蜡烛 + 蜡烛专用长火柴 /

包装材料：软木塞、透明玻璃、纸、医用棉花。

蜡烛专用长火柴：10cm 长，火柴头是白色的，模仿医用棉签的造型，为了保护和固定火柴，会用医用棉花填满玻璃瓶上部的空余处。瓶口绑有品牌 logo 标签，瓶身粘贴带有文字信息的标签和擦火纸。使用的时候，从瓶中取出火柴并用擦火纸点燃火柴。

香薰蜡烛：蜡烛本身是白色的，用实验室中使用的广口瓶作为容器，模仿实验室化学用具的造型。瓶身粘贴带有文字信息的标签，并绑有品牌 logo 标签。用火柴点燃蜡烛之后，蜡烛慢慢散发气味。不用时，盖上盖子，蜡烛则会熄灭。

"

设计是一座具有规律的结构框架、丰富精彩的内容的博物馆，是一间兼顾生理和心理治疗的诊疗室，是一台穿越时空的造梦机，是故事和理想的诞生所在，是人性和感受的现实载体。

"

洪安如

1996 年　出生于广东省汕尾市
2016 年　中央美术学院"城市亲历"优秀成果奖
2020 年　毕业于中央美术学院产品设计专业
现生活于广州，任产品设计专业教师

展览
2016 年　《"城市亲历"优秀作品展》
2018 年　《中国 · 河间工艺玻璃设计创新大赛国际
　　　　　灯工艺术节》
2019 年　《未来 · 九人展》

37 / MIX —— 产品数字化模块定制

作品名称：MIX

设 计 师：许航烨

作品材质：榉木，软包，树脂

设计时间：2018 年

MIX 是集线上交互和线下体验于一体的产品。首先，在 App 中，你可以根据自己的喜好选择 3 ~ 5 个自己喜欢的形状，这些形状的大小、材质、颜色也都由你自己选择进行一系列的选择后，你可以进入组合界面，在这个界面中，App 会为你提供几种不同的组合方式，同时有实用指数供你参考，如果这些组合方式你都不够满意，也可以在 DIY 界面里自己拖动每一个形状进行组合。确定好的组合结果可以加入购物车或者加入收藏。

接下来可以进入社交界面，在这个界面中，App 为你提供了一些真实的场景和背景色，当然，你也可以上传自己家的场景，然后将刚刚组合好的产品放进场景里，选择不同的位置进行摆放，最后可以保存图片并上传，让大家看到你的搭配。收到物品后，你将可以用几种固定的连接键进行组合，在这个过程中，你也可以根据自己需求进行变形，使这件物品适应你的需求。如果你需要搬家，那么你只需要拆掉连接键，把这件物品变成原本的一块块形状，就能方便地搬运了。到了新的环境，你依旧可以将它们根据你的新环境与需求进行变形、组合。不同的用户会组合出完全不同的产品，这就是 MIX 的乐趣，比起挑选的过程，它更像一个游戏的过程。

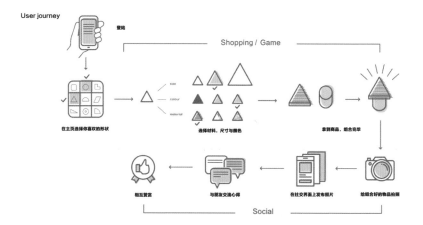

User journey

登陆

Shopping / Game

在主页选择你喜欢的形状

选择材料，尺寸与颜色

size
colour
material

拿到商品，组合完毕

相互赞赏

与朋友交流心得

在社交界面上发布照片

给组合好的物品拍照

Social

笔记：

最开始的时候，我其实是想做一些有趣的组合式产品。后来经过一系列调研，我的出发点还是落到了社会问题上。我希望提出一个概念，帮助城市青年拥有更舒适的租房生活。这里的"城市青年"指的是居住在北上广深等居住成本高的一线城市的青年。起初我想起了在北京租房时的一些时光，有好几个假期，我得和朋友一起在北京租房子，从找房子到入住，再到后来搬走，整个过程都挺折腾的，我尝试着分析了一些问题。

一、国内租房平台上的大部分房子户型都比较大，能够容纳一两个人的单身公寓比较少，而且小型公寓房租也很高，因此大部分人会选择三居室以上的房子进行合租，两个人一起住在一个十几平方米的房间的情况也是很普遍的。这样一来，和不认识的租客之间的协调以及与挤在一个房间里的朋友的协调都是问题。

二、入住的大部分房间都是带有家具的，租客无法选择家具尺寸，只能在入住以后调整家具的位置，这就限制了租客规划自己房间的自由度。另外，租房不可避免要买一些其他家具进行补充，空间上的利用就更困难了。

三、给租来的房子购入的家具迟早有一天要搬走。当时实习期间，我在我租来的房间里只住了两个月，基于刚需买下了一些小家具，买的时候还一直想着，不能买太多，也不能买太贵的，搬走之后不知道怎么处理。两个月后，家具还是八成新，我就将它们卖给废品回收站了。其实有点可惜，我还蛮喜欢它们的，想着如果能把它们带回宿舍就好了。但它们的尺寸都只适用于我租下的那个房间，并不能适用于我的宿舍。

四、搬运家具的过程也不太容易，即便是宜家的可拆卸家具，有许多都是装上一次就拆不下来的，或者说，当初组装已经如此辛苦，让人不想拆下来再装第二次。

五、这样的租房生活在现在的城市青年中十分常见。有数据显示，北京市的年轻人平均每七个月搬一次家，而这样的搬家对于一个普通的年轻人来说，可能会持续好几年。

思考上面这几个问题，我试图用产品去解决它们：城市青年们租房时购买的家具，是否能适应这样普遍的搬家习惯以及城市青年对于家具的需求？经过一系列的调研、思考、实验之后，我做出了这件作品。最后的成果好像稍幼稚，不知道为什么，做着做着，就做成了一件被大家误以为是儿童产品的作品，记得当时我的想法是，就我这件作品而言，不需要去把做给孩子的产品和做给成年人的产品在颜色与外形甚至是使用方法上划分得很清楚，像我一样喜欢让家里充满五颜六色的成年人也大有人在。并且我希望，使用这件产品的人都能享受这个"游戏"的过程。

现在回头看，这件作品还是有蛮多缺陷的，今后有机会或许会改进一下。

不过这也是那个时期我对于设计的理解，也算是一个小小的纪念吧。

"

设计是无处不在的。我所理解的设计，是遍布在生活的每个
角落的，人人都可以触碰到。也因为设计，我们的生活在悄悄
地发生着变化。

"

许航烨

1996 年　出生于广东省深圳市
2018 年 7 月　中央美术学院产品设计专业本科毕业
2018 年 7 月 ~2019 年 4 月　就职于北京木禾空间，参
与创立该公司新的设计品牌 zoomer
2020 年　日本武藏野美术大学工艺工业设计学科硕
士在读

展览
2016 年　华彩初凝——2016 中国学生玻璃作品展
2016 年　2016 年中国传统手工艺玻璃灯工作品展

38 / 来几块光 —— 智能模块

作品名称：来几块光
设 计 师：范伊萌
作品材质：PC、LED、磁铁、综合材料
设计时间：2019 年 09 月至 2020 年 05 月

《来几块光》是通过模块化设计，把光量化，让用户可以按需求自由取光的便携式照明系统。通过互换、移除或添加模块，组成、自由移动、增减光源，形成可以自由支配的需求空间。

　　用户可以通过拍动的方式进行开关。各模块之间可以相互组合，配合使用场景和个人审美需要。因为模块中有内置磁体，可以吸附于含有磁铁性金属的物品上面，比如冰箱、床头等处。需要充电时，将模块插在统一的充电板上进行充电。夜晚需要照明时，随手拿出一个模块放在口袋或包里都是很好的选择。

　　此产品包括方形基础发光模块、短款和长款两种规格的底座（可供多模块同时充电）和磁吸充电线。方形基础发光模块内部由 LED 模块、智能震动感应开关、电池和磁体组成。每个模块拥有冷、暖、白三档光源。另外，每一个模块内部也可定制彩色光源，进一步满足用户多方面的需求。充电方式为使用 USB 接口充电。因为每一个模块都是可以独立使用的，所以用户可根据需求自行选择模块数量。

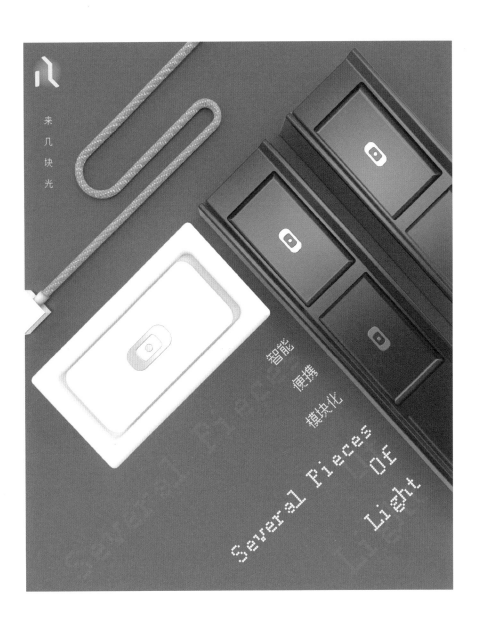

来几块光

智能
便携
模块化

Several Pieces Of Light

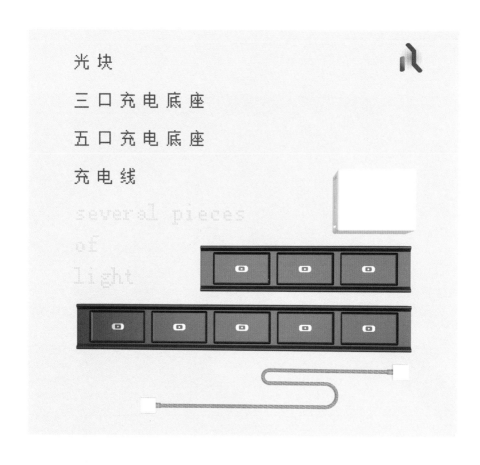

光块

三口充电底座

五口充电底座

充电线

several pieces
of
light

此设计的灵感来自我大二的一个灯具项目。我有时候是一个比较感性的人，我向往的生活是需要有很多仪式感的。我希望每个人都可以拥有一套不仅仅用来照明的灯具。对我来说，除去实用功能之外，光也是有灵魂的，我把每一块"光"当作一个个有温度的载体。它不仅可以在家帮助你，当你出门也需要它的时候，把"光"装进口袋里，它会像家人一样，陪伴在你身边。

我认为，灯的产生是由于人们有对"光"最原始的欲望和需求。然而科学发展至今，许多灯不能自由应对人们的需求，包括人们在不同时间与不同场景的需求、不同的人各自的需求。针对这一现象，我们需要找到一个适应现代人们的使用环境、真正满足多方面需求的模块化便携灯具。

在设计大基调定下来之后，我与身边的老师和同学一起碰撞想法，开始思考设计方案该向

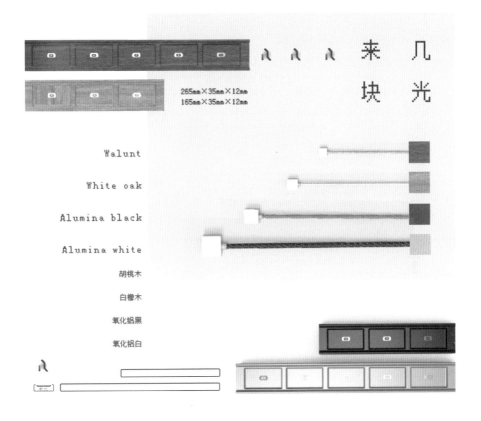

Walunt

White oak

Alumina black

Alumina white

胡桃木

白橡木

氧化铝黑

氧化铝白

265mm×35mm×12mm
165mm×35mm×12mm

来 几

块 光

哪个方向走，主次怎么安排以及很重要的一点—— 当外出时，这个设计与手机手电筒有什么区别？能带来哪些惊喜？于是我更深入地思考人与产品的关系。在这一方面，我思考到最后，还是觉得应该因人而异、因地而异。需要强光源和复杂造型时，用户可多取出一些模块，进行拼接或搭建。在单人休息空间使用时，用户可以取一块"光"放在枕边，便于起夜时使用。模块小巧方便，让人有安全感。在多人休息空间使用时，模块不仅能保证起夜时最基本的照明需求，而且不易影响他人睡眠。在看电子屏幕—— 手机、电脑或电视时，模块可以作为副光源使用，这样可以有效地保护眼睛。如果用过于大面积而明亮的光源，就会影响观看体验，此时用户可以把一块小的光源放在附近，不仅起到护眼的作用，而且可以增强观看体验感和舒适度。

它也可用作为氛围灯使用，如在私人聚会、周年庆或生日会等场景。此时用户可以多取几块"光"四散在角落或需要的地方。这样它不仅可以代替蜡烛，而且有很好的安全性，还能营造氛围，提升幸福感。用户也可以在衣柜中藏一块"光"，或者打开衣柜时将其直接吸附在衣

柜内的金属构件上。如果用户夜晚需要外出或者在户外活动，可以在早晨出门时，在家中取一块"光"随身携带，走路时可以将其拿在手上，或者放在具有透光性的包内。这样不仅让人拥有安全感，更可以提示过往车辆。如果用户夜晚需要骑车，以小黄车为例，可以把模块吸在车把或可吸附的、不易掉落的地方，把它当作小车灯提示他人，安全骑行。

也许，朝九晚五的上班族根本没空关心自己是否应该随身携带一块"光"，就像一个孩童根本不关心猪肉的价格是否有所变动一样。但也许有一天，一个刚结束全天工作的人，满身疲惫，无人陪伴与诉说。他可以从包里取出一块"光"，点亮它，让它陪着自己。就像对孩子来说，猪肉降价无关紧要，但也许家里的餐桌上会出现一盘红烧肉。

包括那些上夜班的人，在铁路上、小区安全岗、仓库等等环境中的人们，只要他们需要，总会有一块"光"在他们身边。如果你要说身处这些环境的人因为用了这块"光"就可以完全获得力量，我想说，并不是，我只是想告诉他们：你们还有手里的这一块"温暖"。而我的用户，就是需要这几块"光"的朋友们。这就是产品区别于手机手电筒的地方。模块化灯具能呼应用户需求、放松心情、添加生活的趣味性，更好地创建了舒适的空间环境，使人与产品之间建立起良好的互动体验，满足了当下人们对产品的软性诉求。

关于趋势化，我的理解不仅仅科技上的创新发展，未来产品必定会对人本身有更高的关注，

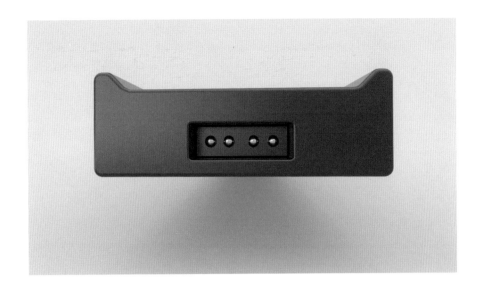

会更注重人的需求。结合科技，以人为本，为人设计。拿灯具来说，初期的灯具设计更注重其功能性，当技术逐渐更迭和成熟，各种各样的装饰性元素出现在灯具上。新材料、新工艺越来越吸引人的眼球。

直到现代，灯具不仅要满足最基本的照明需求，还要与室内陈设相呼应，更重要的是营造室内环境气氛。随着科技的发展和人的生活水平的大幅提高，室内空间环境的艺术性得到了前所未有的重视，人会更加注重生活舒适性、便捷性和个性化。从灯具的发展中我们不难看出，生活中的未来产品设计会更倾向于满足人的精神需求。服务类型也从之前的一站式包办发展到现在的个性化定制。

说到最后，其实每个设计方案都会经历探讨、质疑、推翻、重新建立体系的过程，但是千万要记得你的设计初衷。

“

设计是感性和理性的极致结合，
需要细致深入的查探、仔细严谨的推导。

”

范伊萌

1999 年　出生于河北省邢台市

2016 年　就读于中央美术学院家具产品设计系

2016 年　《电表联想》获得在校生优秀作品三等奖

2018 年　《怪》获得第三届中国·河间工艺玻璃设计

　　　　　大赛创新院校组作品入围奖

2019 年　《一只抱抱》参加隐·美术馆\叠院儿未

　　　　　来·九人展

2020 年　中央美术学院产品设计专业本科毕业

现生活于北京市，为自由职业者

39 / 冷静剧场 ——"情绪"传感

作品名称：冷静剧场
设 计 师：陈奕锦
作品材质：纸、综合材料
设计时间：2019 年 05 月

年轻人怎么都这么"丧"了呢？

你情绪低落的时候会下意识做些什么动作来舒缓情绪呢？

是大喊大叫、摔、咬、哭、破坏东西还是伤害自己？

在统计到的种种情绪应激反应中，对周围、对自己最无害的就是深呼吸，让自己冷静吧。

我想用最小的空间，给人一个可以冷静放空的环境。《冷静剧场》是一款可以戴在头上，人通过深呼吸、握拳等动作使其发出灯光的一款呼吸头罩，通过光线的忽明忽暗的视觉效果，结合冷静产生的动作，让人情绪舒缓，沉浸在这种环境中，鼓励人在情绪不好的时候选择更加合理的情绪处理方式。

希望大家都能拥有一个只有自己存在的《冷静剧场》。

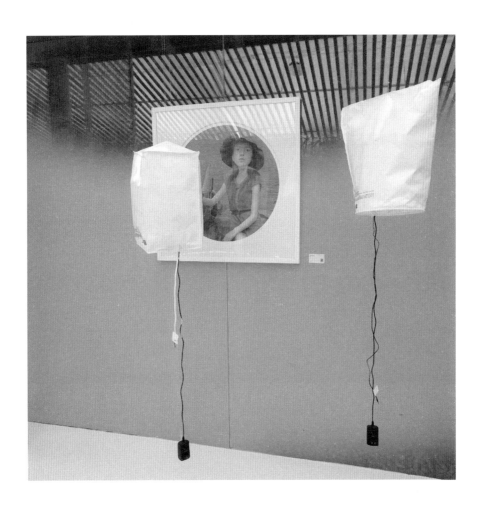

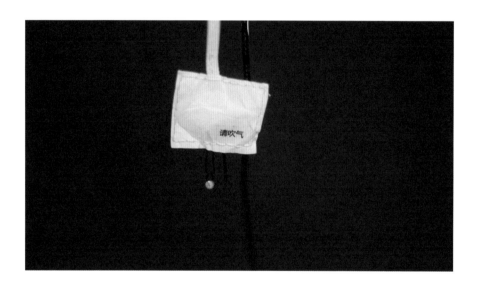

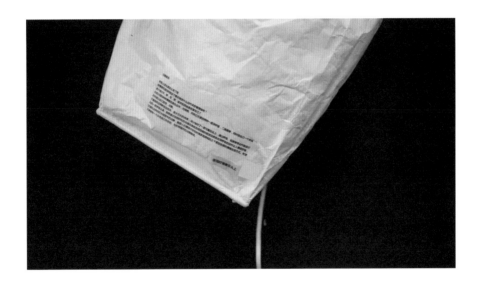

笔记：

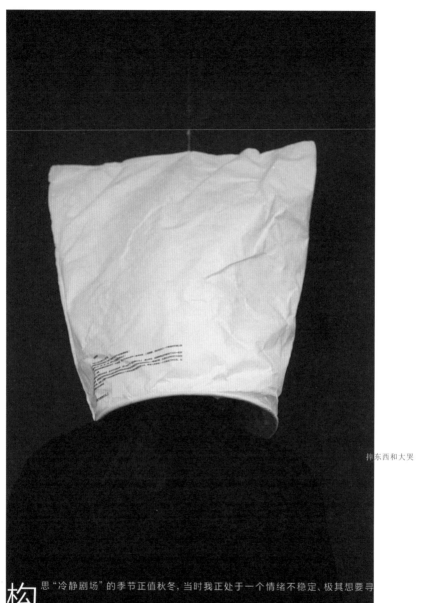

摔东西和大哭

构思"冷静剧场"的季节正值秋冬，当时我正处于一个情绪不稳定、极其想要寻找情绪出口的时候，我有时会忍不住摔东西和大哭，不能抑制住地爆发出能量而伤害到身边的人。而"丧""厌世"也成了当年很火的网络词，身边的年轻人好像突然都完全沉浸在这种生活状态里。我想一定可以有一个调节的出口，使人暂时脱离现实的轨道，存在于另一个状态中。情绪这头野兽，只有自己能把它关回去。

"

设计是对他人心理深度需求下的预判。

"

陈奕锦

1997 年　出生于河北省石家庄市
2020 年　中央美术学院产品设计专业本科毕业
现生活于北京市,任自由平面设计师、产品设计师

展览
2019 年　未来·九人展

40 / I See You —— 色彩"传感思维"

作品名称：I See You
设 计 师：韦思宇
作品材质：塑料、金属
设计时间：2019 年 1 月

心脏，是人类感情和思维的器官。一颗颗心脏是生命的标本，由血与肉组成，是一个人活着的中心枢纽。人都依赖它延续着生命。

"I See You"是属于这个作品的名字，它能感受到你。I See You 像一个牙牙学语的小孩，却能够察言观色，第一时间读懂你的心情，并且立马回应你，用颜色来进行一场沟通。

人们除了每天穿着不同服饰来彰显自己对于时尚的追求之外，还会选择不同的首饰。同时人们为了追求快时尚，不断更换服饰，大量购买超前消费，为了搭配服饰，又需要购买相匹配的首饰。I See You 作为首饰，能通过识别你每天的服饰颜色，感应你起伏的情绪，呈现不同的、属于你的色彩，也可以随时搭配不同的服装。它运用颜色传感器来与人互动，通过点阵屏传递信息，将自己的内心以透明心脏的形状展现给大家，这就是独一无二的 I See You。

I See You 还有很多很多的可能。心脏点阵器可以上传信息到手机 App，实时记录你每一天不一样的心情。用颜色代替语言和表情包来实现网络时代的交流，彰显你的个性。

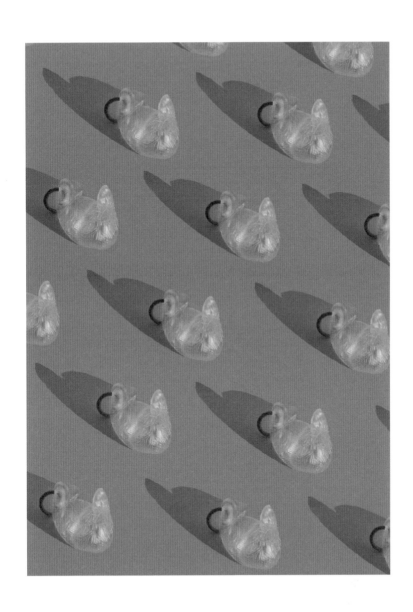

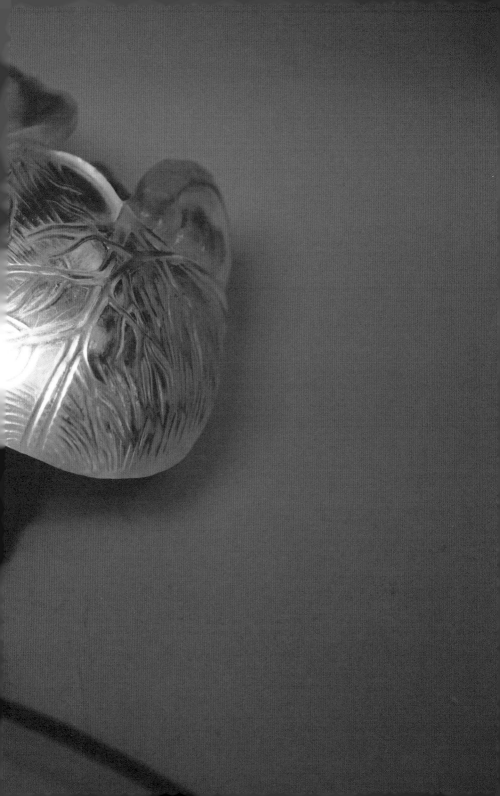

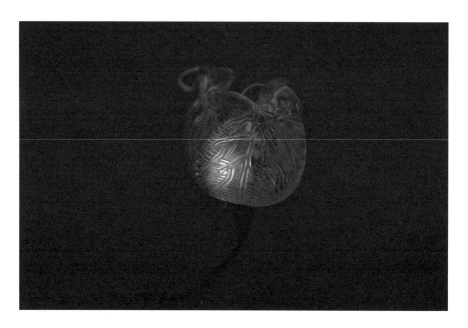

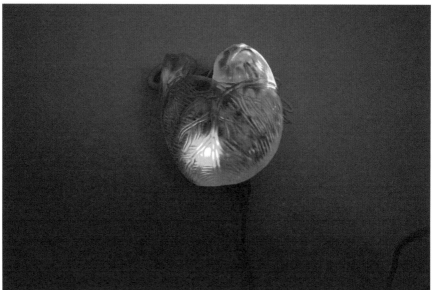

设计无边界，多元化地尝试吧！千万不要局限自己。

韦思宇

1998 年　出生于四川省成都市
2020 年　中央美术学院产品设计专业本科毕业

展览
2018 年　参与隐·美术馆 / 叠院儿未来九人展
2018 年　中央美术学院 2018 届优秀作品展

41 / 咦，一手的汗 —— 身体材料

作品名称：咦，一手的汗
设 计 师：桂奕然
作品材质：琉璃、金属
设计时间：2019 年 05 月

"**我**从开始懂事时才知道，一般人是不会有手汗的。后来我慢慢了解到，大多数人非常嫌弃手出汗，他们不会主动和我交朋友，甚至还会欺负我，起外号来嘲笑我，仅仅是因为我的手经常出汗，他们觉得很恶心。"

—— 一位手汗症患者的诉说

　　手汗症是指手掌过度分泌汗液的疾病。从浸湿重要文件，湿漉漉地握手，到难以滑动手机屏幕，手汗症对患者的工作、社交及个人生活带来很多负面影响。通过调研手汗症的症状、患者的生活状态并结合自身经历，我发现出汗过多还会让患者产生很大的心理负担。面对嫌弃的目光，他们逐渐自卑，甚至导致焦虑症、抑郁症等严重的心理问题。然而，手汗症在医学上还没有长久、有效的治疗方法。我希望从设计的角度帮助他们。

　　唐纳德·诺曼在《设计心理学》中说道，在评判一件作品时，它传递的情感也许比它的实用性更关键。情感化设计是以人为本的重要的设计方法，是指在追求产品功能性的同时，使产品精神得到最大化。情感设计是一种同时满足用户物质需求和精神需求的设计模式。

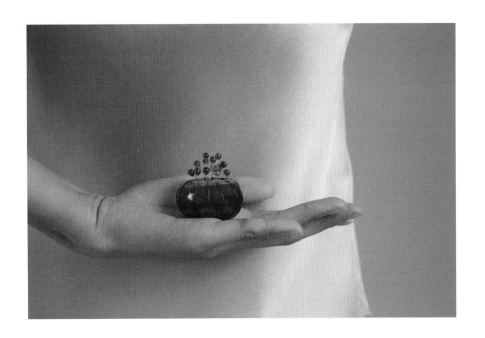

　　随着社会的发展和进步,人们的生活方式和审美需求也发生了很大的变化。在首饰设计领域,不仅款式和材料打破了过去的单一局面,珠宝设计的理念也不断更新,相比于传统,当代首饰更多起到情感共鸣的作用。当代首饰设计师运用情感化设计的方法,通过首饰传达他们独特的想法。作为手汗症患者中的一员,我希望从情感化设计的方法入手,运用首饰的语言,从设计的角度缓解患者与人交往时的尴尬,从而改善他们的心理状态,帮助他们重拾自信,保持积极的生活态度。

　　《咦,一手的汗》这组作品分为两个系列。 系列一中,我将首饰与冰结合,通过冰块融化、流下水珠的过程让佩戴者体验手上出汗的感觉;同时,美化患者手上因出汗多而长出的丘疹、水泡,缓解他们自卑的情绪。系列二从系列一中提取元素,设计可以擦拭手汗的配饰,兼具装饰性和实用性,方便患者的个人生活。

　　这组作品的目的在于让更多人了解手汗症,在与手汗症患者接触时能多一些理解和宽容,也试图通过"把手汗症做美"的方式,减少患者与人交往时的尴尬,改善他们的心理状态。

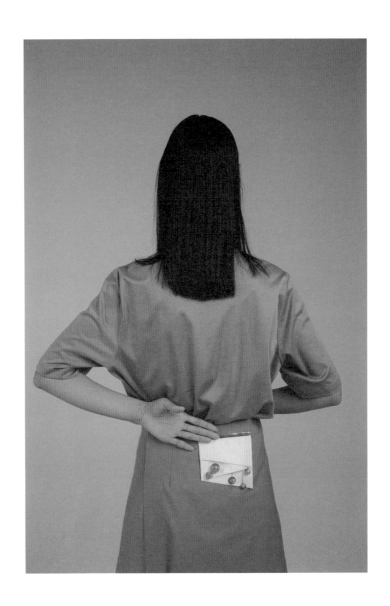

笔记：

"

以人为本，从用户的角度思考和关怀，让设计拥有共情力。

"

桂奕然

1997 年　出生于江苏省南京市
2019 年　中央美术学院产品设计专业本科毕业
现生活于南京市，就职于江苏海郡艺术设计有限公司，任设计师

展览
2016 年　为坐而设计
2018 年　创意城市
2019 年　中国•河间工艺玻璃设计展

42 / AZAM-X —— 故事产品 × 产品故事

作品名称：AZAM-X —— 物件重生计划

设 计 师：刘小雅

作品材质：综合材料

设计时间：2019 年 10 月

A ZAM-X 的寓意是"go back to maza"（重回胎盘），重新审视本我，回炉重造，其中"X"代表无限。

AZAM-X 品牌的主要方向是探究未来首饰或体饰的可能性，从实验和艺术的角度尝试新的设计可能，给首饰产品一些新的定义和形式，通过物与人的交互实现情感的注入与输出，鼓励人们表达自我、解放自我、记录自我，同时不忽略任何一种材料在产品设计中的可能性。实现私人定制或定义产品、概念化产品，工打造服务型和体验式产品。

AZAM-X 的第一个项目是物件重生计划，为顾客提供私人物品重建服务，从收集到制作，再到反馈。

项目里的这些作品是我收集了一些对我来说很重要的人的私人物件，带有他们的故事和情感，依我对故事和物件的感受，将物品制成首饰。我基于人与未来、人与事件的关系，用记录、创造故事的形式，使人与人或人与物产生关联，以此实现人体装置艺术与首饰或体饰产品之间的交互，同时也是我与不同的人和物的交互。

<爸爸>

< 事物 >

　　我常常关注人们保留物件的习惯和方式，某些特定的物件总是承载着某个故事或秘密，这是我们与他人之间的关联，大多数人们享受着这份羁绊。在首饰中加入故事，使之变成专属自己或专属某段过往的物件，是一种对话方式，也是更具仪式感的纪念行为。我向一些于我很重要的人收集他们想要纪念的物件，并与他们交流背后的故事，再将物件制成首饰，由于我的加入，新故事与旧故事交织附着在作品上，我将它们分享给大家。

< 前女友的笔 >

　　物主在我的建议下将剩余的墨水耗尽后，交与我所做的笔迹。我本以为会是文字之类的表达，结果收到了快速涂鸦，为了尽快耗尽墨水，不留余地。我觉得这个过程很奇妙，甚至感觉到了龙卷风般的爱情历程。先是吹起一切，然后放下一切。

　　"其实说起来会有点幼稚，已经是很多年前的事了，但是竟然还好好留着这支笔。"

　　"有什么特殊感情在里面？"

　　"大概和她交往了小半年，我就喜欢上了其他女孩，她变得异常神经质，直至我也认为没有任何可以挽回的余地，虽然我尝试过挽回。在那年圣诞节她送了我一个包了好多层的苹果用来分手，并且还了我这支笔，唯独还了我这支笔，其他东西什么都没有还。"

　　"那是为什么呢？"

　　"我猜大概是在一起的时候，她特别喜欢给我看她的日记，可能是希望我借此了解她吧。她总是记录很多关于我的事，让我知道她有多爱我。而我呢，发现哄她最好的方式就是给她写道歉信，虽然时间不长，但好像感情一直建立在手写的东西上，有各种表达关心、道歉、安慰之类的纸条。这支笔是我无意间给她的而已，没想到她一直收着，还我的时候

<爸爸>

<爸爸>

已经快没墨水了。"

"唯独还这支笔，是在表达她对这段感情最失望的地方吗？你的描述让我觉得你像感情里的过错方，你会这么认为吗？"

"我想，于她、于我都是最失望的地方吧，我们彼此都曾在纸上写下过谎言给对方。所以没有过错方，就是自然而然地走到结束，不能硬撑。"

"所以一直留着这支笔是因为刻骨铭心？"

"那时候在上学，她完全算不上令我刻骨铭心的恋爱对象，但偶尔回想那段日子，一直没扔这支笔可能是因为我已经快完全忘记它了。"

"那你对这支笔的重构有什么期待吗？或者有什么想记录和表达的？"

"嗯……我们在 2012 年的 12 月分开，不做朋友，也从此再无往来。她就像一颗坏掉的螺丝，虽然对我的生命无关紧要，但是钻过的地方还是留下一个小洞，这真的是一段很轻、很淡、早就生锈的往事，我希望我不要忘记。"

我们从未爱过任何人，

我们爱的是对某人的看法，

是我们的观念，

是我们自己。

<对视>

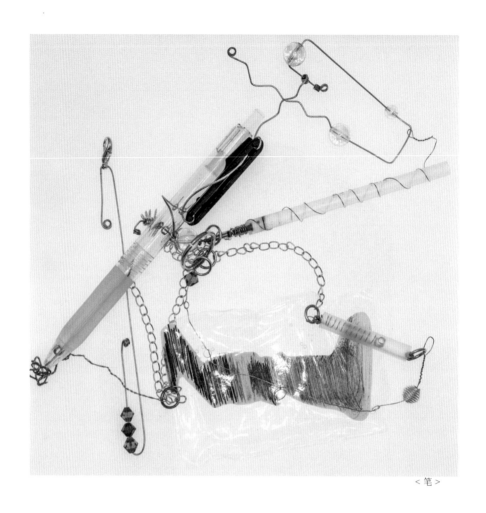

< 笔 >

< 爸爸 >

　　爸爸年轻的时候在地质队工作，经常接触一些野外作业和小工程，这次我意外收到了他保留的作业护目镜和小电子元件。他没有解释，只说觉得我会喜欢这样的东西。

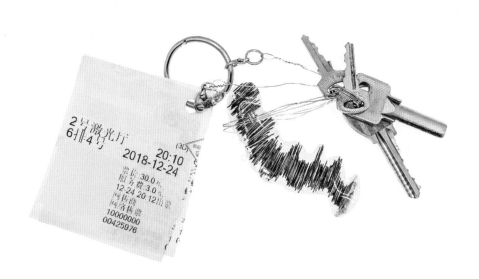

< 笔 >

< 笔 >

348　　　未来设计

没错，虽然是些废旧物件，但我格外对它们有感情。处理掉灰尘和锈迹，老物件有一种奇怪的气质。觉得它们酷的同时，我自己就找到了背后的故事。我很难不去联想到爸爸现在的身体状况不太好，多半是由于他接触了过量的重金属和放射线，但这些物件与他曾经工作的日子息息相关。

他总说自己如何怀念曾经努力工作的日子，而我不怀念。尽管我庆幸现在安稳的生活，但心底无法逃脱对死亡与丧失的畏惧，于是我将这组作品与癌症的主题结合。我用一些相似的物品代替医疗废物和分泌物，它们是我对未来的期待。癌细胞是我们身体里长出来的奇怪垃圾。

这是我的"垃圾艺术"。人在不断产生垃圾，制造人造物时产生垃圾，使用人造物时也产生垃圾。也许垃圾是相对的，世界是个"垃圾场"—— 我们有各种各样的"垃圾标准"，而我希望这个标准在未来能逐渐消失，人们学会善待自己。

< 养鸟 >

"第一张有关鸟的邮票是在一堆老邮票里发现的，我觉得很有意思，又翻找出几张。然后我就渐渐开始注意收集有关鸟的邮票，因为把它们放在一起很有成就感。我自己没养过鸟，尽管我觉得自己很喜欢鸟，但我始终无法养它。"

"你知道吗? 其实我觉得养鸟是一件很纠结的事，鸟不像四条腿的毛绒动物那样与你有如此亲近的距离和明显的感情，排除一些超会养鸟的人。大部分鸟成天关在笼子里，我觉得它们有可能会得抑郁症。"

"嗯，我也不忍心那么做，但是无法切断生物对生物的天然喜欢。"

"嗯，这些邮票放在一起真的让人有所触动，让我感觉你真正在养一只鸟。"

"这是有技巧的，你感觉自己一直在付出，事实上也是，而鸟明白你的付出，但它无法完全让自己属于你，它会常回来看你。所以事实上你真的在养鸟，养一只你永远得不到却也不会失去的鸟。在那个漫长的时间里，你时常感到难过，但也正是因为它，你有了过往的那些时间。"

"这样我好像也体会到鸟的感受，如果它明白了那是爱，它或许觉得自己有了稳固的港湾，所以在大胆的、任性的一刻也没有想过放弃自由。"

"这也许是任何生物的天性，你不是吗? "

"我也是……"

< 鸟 >

笔记：

"

就像原来我们总是寻找人与动物的区别，比如语言交流或使
用工具，设计好像在寻找人与人的区别、我与一切的区别，有
时向上探索，有时向下兼容。期待某一天设计能带人们进入
新的存在和生活方式的新纪元。

"

刘小雅

1998 年　出生于云南省昆明市

2020 年　中央美术学院产品设计专业本科毕业

现生活于深圳市，就职于深圳市龙华区行知学校

展览

2016 年　作品《望远望近》参加中央美术学院在校
生优秀作品展

2018 年　作品《AZAM》参加中央美术学院在校生
优秀作品展

2018 年　隐·美术馆未来九人展

43 / 雀跃 —— "功能性"产品

作品名称：雀跃

设 计 师：潘奕吉

作品材质：陶瓷釉上彩，含金水

设计时间：2016 年 5 月

作为人，我们似乎还保留着最原始的价值取向：习惯性地将我们所接触到的产品按照功能进行区分。就像当我说出"Jewellery"这个词时，我们会联想到"价值""美感""装饰性"等一系列抽象定义，继而会联想到"有身份的人物""闪烁的光泽"和"优美的颈部佩戴物"等更细腻具象的意象；而当我说出"chair"这个词的时候，我们更多地联想到"舒适""结实""材料"等词语，随之出现的则是"柔软的皮革""四条腿""不锈钢"等画面。有趣的是，人类历史上的第一把椅子可能只是一张草席，而我们席地而坐，而英文中的"chair"还有首领、主席的含义。同样，在罗马时期，人们曾经在戒指的表面刻上家族图腾，将戒指作为印章使用。所以，作为功能性代表的椅子，它充当了代表身份价值的首饰，而具有装饰性的首饰，也可以被当成功能性的物件。

因而，在这个设计趋于多样化和人性化的环境下，我们将如何去定义一件物品的价值，越来越成为一个很有趣的话题。在过去的几年里，我处于矛盾之中，一直在思考这些问题：是否将产品设计的评价限于以功能为主？是否需要将个人生活方式进行艺术化表达？人类

内在情绪的满足是否更加重要？人们为什么会对物件一见钟情？在我们伸手去触摸物件的一瞬间，是出于理性的选择，还是出于一种潜在的直觉？

　　所幸，当我接触当代首饰（Contemporary Jewellery）这一领域后，我逐渐看清楚我要的答案：共情境设计（Symbiotic Context Design）。并不是说当代首饰本身是基于共情境设计而存在的，只是当代首饰中所探讨的"首饰背后的故事比首饰材料更具有价值"这一观点启发了我对于产品价值的新理解。在当代首饰作品中，大量出现的符号化、故事性的设计元素成为其最重要的价值所在，它们关注并试图与旁观者的内在情绪产生关联，渴望获得旁观者心底深处的认同。与此同时，我的本科毕业设计作品《雀跃》则是以共情境设计为设计出发点而创作的。

　　对于《雀跃》这件作品，我无法简单地将它定义为盘子、杯子、勺子和胡椒瓶的组合。整套"餐具"用一个非常功能性的载体去创造一个与首饰、身体相关的装饰性物体。例如，当我们拿起杯子，手指穿过杯柄时，将会重现曾经佩戴戒指的情境；享用美食时的一串珍

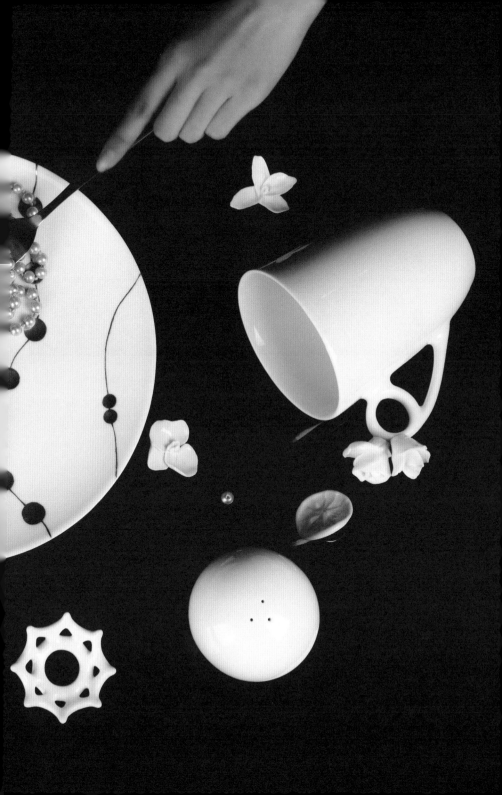

珠项链不经意间显露于眼前，这份惊喜同样可能勾起我们收到礼物时喜悦之情；夸张的冰淇淋勺让我们快速联想到大颗的八心八箭的钻石。因而，这件作品所渴望探讨的是，当我们使用一个物件的时候，给出的评价是真的却决于其功能吗？还是因为我们使用这个物体件时让我们觉得熟悉且愉悦呢？

　　比起产品设计师，我更愿意称自己是一个"讲故事的人"，因为我相信，故事本身就是一种能量，它可以无视每一个陌生人的背景、年龄、性别等差异，触及他们内心深处的善恶、美丑甚至过往的经历，最终将他们汇聚到新的客体上。这个过程所带给我的成就感，远远超过将一个物件设计成功能性产品。当然，我并不是彼得·贝伦斯的"功能决定形式"观点的强烈反对者，只是我们要明白，在 120 年前的这句话必然有它的时代局限性，而产品设计师，需要更加包容和严肃地探讨未来产品的价值。

笔记:

关于设计是否有最优方案，我保持怀疑。

潘奕吉

1993 年　出生于安徽省铜陵市

2016 年　中央美术学院产品设计专业学士毕业

2018 年　伯明翰城市学院珠宝及相关产品设计专业
　　　　　硕士毕业

2019 年　任上海海事大学徐悲鸿艺术学院专职教师

展览

2014 年　作品《物》和《精灵》参加"凝固的艺术"首届中国玻璃
　　　　　艺术双年展，并被《当代手工艺》杂志刊登

2018 年　作品《LIFE》系列参加伯明翰城市大学 Oscillation 展览

2019 年　德国慕尼黑 Schmuck 2019 国际当代首饰艺术周

44 / 使用说明——"模糊"产品

作品名称：使用说明

设 计 师：刘思佳

作品材质：铜

设计时间：2016 年 5 月

用不同以往的形式做习以为常的产品，会让人重新感到惊奇。
因此，我制作了作品"使用说明"，餐具是手的延伸。

我的作品概念是"手器"，和同为和手产生关系的首饰、工具相结合，做出新的产品。

温暾的甜品刀，戴在食指上，用于切割较软的食物。

砸器，有重量感，是蟹八件的延伸。

别器，用于处理海鲜等食材。

剃刀，用于处理海鲜骨头等食材。

开口器，方便给海鲜开口。

正餐叉，像佩戴在手上的戒指。

酒杯，具有夸张而有体量感的造型，可以用来饮酒。

瓶起子，在造型上做了不同的设计，戴在第二个指节上。

搅拌器，用于搅拌饮品。

牛排刀，设计成大体量的餐刀首饰，佩戴在无名指上。

甜品刀

面包刀，用于分割面包，涂抹酱料。

沙拉叉，具有锋利的造型，也可以当作筷子使用。

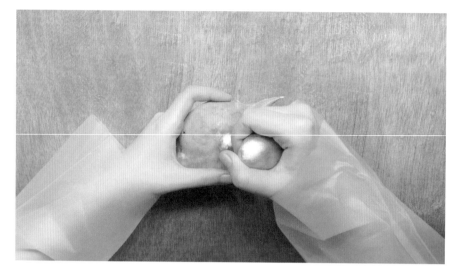

砸器

别器

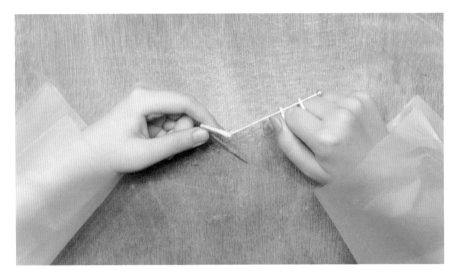

剃刀

开口器

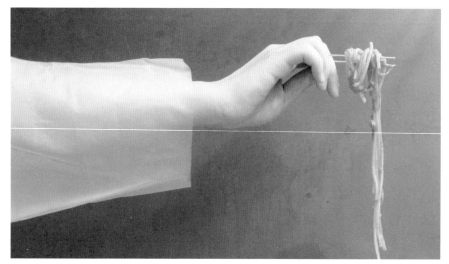

正餐叉

酒杯

起瓶器

搅拌器

牛排刀

面包刀

沙拉叉

"

设计是传递情绪，可以不精确，但要有表达。

"

刘思佳

1993 年　出生于辽宁省沈阳市
2016 年　中央美术学院产品设计专业本科毕业
现生活于成都市，就职于成都白洞有限责任公司，
任插画设计师

展览
2016 年　北京国际设计周

45 / 外貌至上 —— "产品事件"

作品名称：外貌至上三部曲
设 计 师：黄鑫
作品材质：综合材料
设计时间：2020 年 05 月

我的作品的灵感来自我自身，因为我本身是个非常自恋的人，所以也就想以"自恋"为话题进行设计，后来也延伸出另外两个话题："以貌取人"和"整容"。而这三个话题的共同点便都是关于人和外貌之间的关系，是社会性的话题。我继续思考，便发现关于外貌的话题多半带有一定的偏见色彩。例如我选择的这三个话题，生活中的人都理所当然地把它们当贬义词用，却没有人思考为什么。于是我分别对这三个话题进行设计，将它们与我的品牌产品相结合，融于产品之中。我想让人看到我的毕业设计或用上产品的时候，能够对对应的现象有所思考和理解。我以"外貌至上"为大题目；"自恋"从视觉出发，对应产品"自视"；"以貌取人"从味觉出发，对应产品"以貌取香"；"整容"从味觉出发，对应产品"整味"。

作品名称：自恋 – 自视 – 饰品 / 胸牌 / 餐具
作品材质：镜面金属

　　自恋的人往往伴随着一定的自卑心理，除了自身的关系，外界对在意外貌的行为大多有一定的歧视和嘲讽，就像"自恋"这个词本身就含贬义。我用镜面金属这个材质满足自恋的人照镜子的第一需求，并设计成首饰的形式，张扬而时尚，鼓励自恋的人大胆地自恋。爱美之心人皆有之，想要别人正视你，就得自己正视自己，不需要躲藏。

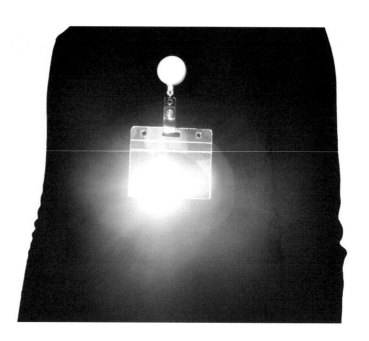

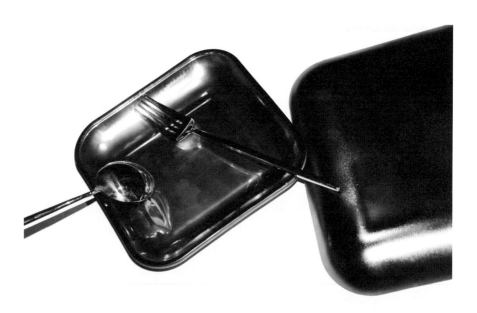

作品名称：以貌取人 - 以貌取香

作品材质：综合材料

　　以貌取人这样的行为大家都知道是不对的，但却依然不自觉地这么做。正是因为这样的不自觉性，我们不会对当下自己这样的行为做过多的思考。设计采用香水的形式，当你看到这四款香水的时候，也会对它们不自觉地以貌取"香"，然而香水看上去是这样，闻上去可不是这样。四款香水的味道和它们的外表给人的感觉会是截然不同甚至是相反的。人观赏它，使用它，这个过程也正是我们平时从刚看到一个人到认识一个人的过程。将人对这款产品的思考转换到对人的思考，才能使人察觉这种不自觉性，对这种习以为常的现象进行思考。

外表：透明玻璃 / 关键词：梦幻、干净
香味：烟草味 / 关键词：污染、世俗

外表：灰色玻璃镀磨砂 / 关键词：自然
香味：人工香料、古龙 / 关键词：复杂

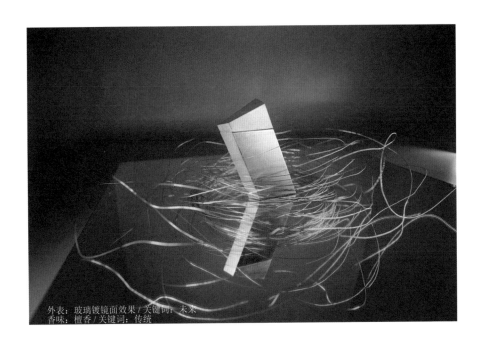

外表：玻璃镀镜面效果 / 关键词：未来
香味：檀香 / 关键词：传统

外表：黑色磨砂玻璃 / 关键词：冷酷、疏远
香味：奶糖味 / 关键词：甜腻

　　整味：既然在乎外貌，理所当然就会想要改变和提升，那么整容的出现也是大势所趋和无法杜绝的现象。然而这个话题也是相对敏感的，整了容的人大部分也会被人所不齿和另眼相待。对此存在的争议并不小，而"支持理性，反对盲目"是我对整容这个话题选择的立场，设计的目的是强调"整"之前的理性分析和合理的判断力。整容改变的是人的外貌和气质，而这款产品改变的则是饮品的外貌和味道。你可以改变饮品的味道和颜色，然而成与败也完全掌握在你手中，你可能会调制出青出于蓝，也可能是一片混沌，造型上突出医学实验感。你有权利选择整容，更可以随心所欲地整味，但它和整容一样存在着风险。饮品整坏了，可以倒掉重来，但脸却无法重来。

"

好的设计能够承载设计师本人所寄托的精神和所想传达的意义。设计的载体可以是微不足道的事物，但其中所承载的设计理念却是宏观的、有分量的。针对大家听不进去的大道理、看不见的社会现象等进行设计，把思想浓缩于一件小小的产品当中，而不是单单设计一件产品。当然能客观解决某个功能性问题的产品也是好的，只是就我个人来说更喜欢思辨设计。

"

黄鑫

1997 年　出生于福建省泉州市
2016 年　就读于中央美术学院产品设计专业
2018 年　《生》获得第三届中国河间工艺玻璃设计大
　　　　　赛·创新院校组作品优秀奖
2019 年　《镜》参加隐·美术馆未来九人展
2020 年　中央美术学院家居产品专业本科毕业
现生活于北京市，为自由职业者

46 / 与隐私玩耍的日子 —— 事件、观念、产品

作品名称：与隐私玩耍的日子
设 计 师：梁艺献
作品材质：PVC、电致变色膜、卡片式放大镜、光敏树脂、热敏打印纸
设计时间：2018 年 09 月至 2019 年 06 月

作品分为三部分，第一部分是会主动暴露隐私的"电致变色包"和"放大镜包"，第二部分是检测到信号才会亮的 "检测灯"，第三部分是我自己侵犯观者隐私的呈现"I SAW YOU AT THAT MOMENT"。三个部分组合在一起，旨在唤醒人们对隐私的思考，同时也呈现了人体验产品的全新方式。

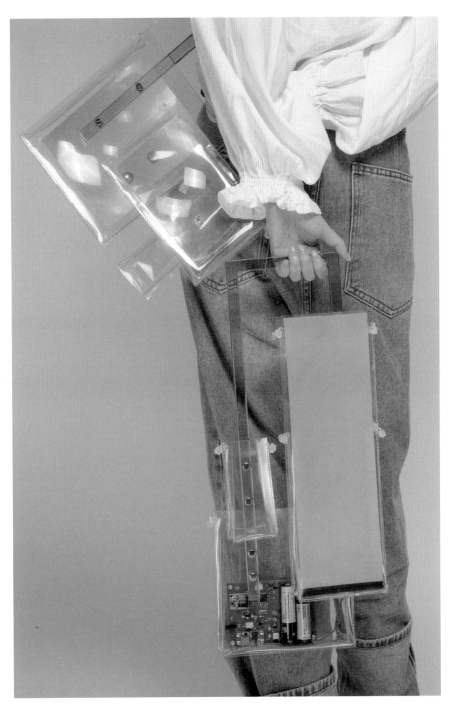

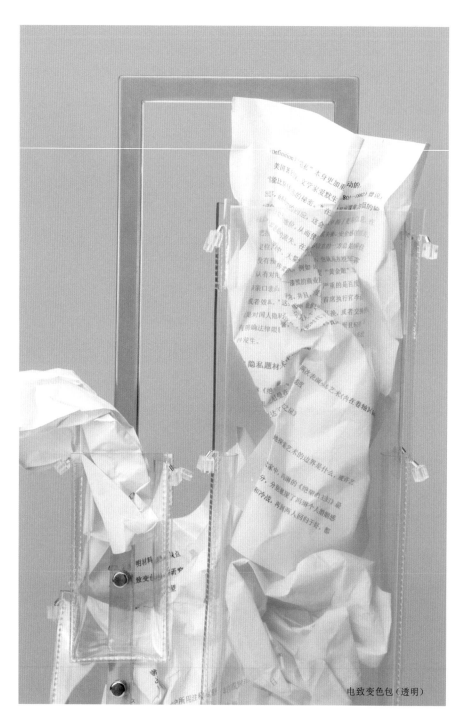

电致变色包（透明）

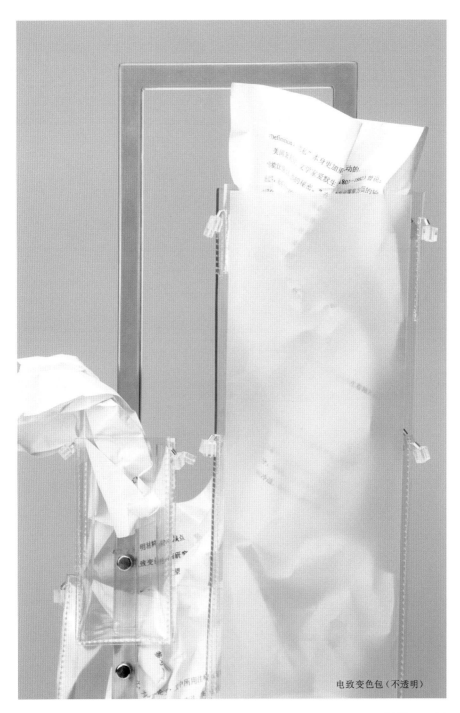

电致变色包（不透明）

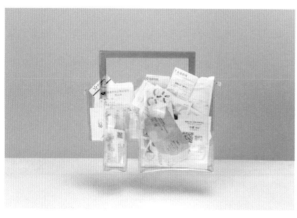

放大镜包

在面对毕业设计而焦头烂额的时候，我总会有那么几个不由自主的动作，像是潜意识的或者是想逃避的一种行为。我举起了手机，指尖快速地滑动着屏幕，翻看最近朋友圈发生了什么，看看同学们有没有像我一样被毕业设计折腾着，如果有，也能让我有一丝心理上的安慰。

互联网自诞生半个世纪以来，它催使手机成为人的"第三器官"，这个"第三器官"带给我们的是另一个世界——数据世界。到了这里，我对于毕业设计的开题终于有了一丝灵感。俗话说得好，一个事物的优点也是这个事物的缺点。于是我着手思考数据时代给我们带来的诸多便利之处，从而反观便利之处所带来的问题和隐患。

自 21 世纪以来，人们已经逐渐进入移动网络数据大爆炸的时代，世界通过手机和电脑成为一个数据世界，人们享受着数据网络带来的便利生活方式的同时，数据网络也储存着人们的私人信息。而这有被信息监控者和管理者不当或过度使用的风险，这需要人们提高对自身隐私保护的重视程度，也需要有人为隐私安全负责。

在思考作品的同时，我经常会思考自己的经验，毕竟这也关乎我自己的隐私安全。虽然乐于社交的我乐于让人们去看见我的生活，但我也不希望大数据掌控我的生活，我成为大数据的俎上之肉。每次一打开淘宝页面，系统就给我推送各种我想要的东西，不多刷几页都不行，甚至新闻软件与天气软件都给我推送，我感觉到自己被大数据绑架了一般，大数据限制了我的精神自由。我的行为被记录下来，系统靠数据统计算出了我的习惯和喜好，不久便能算出我的想法，这让我细思极恐。我的想法居然可以被这么多平台关注着，不知是该开心还是疑惑。但是从侧面看，这是社会发展的必然结果，虽然还有不少问题，但我的隐私信息也是社会进步不可或缺的资源。

最后，我决定放弃我的隐私，想看什么就看吧，想推什么就推给我吧。

这是一个透明的时代，清澈见底的透明。相互透明是进步的象征，也是最值得保护的相互信任。

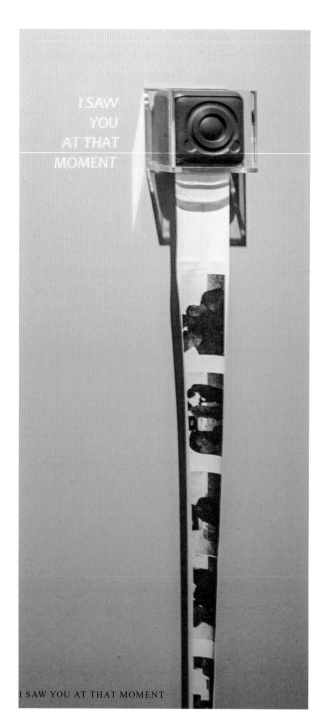

I SAW YOU AT THAT MOMENT

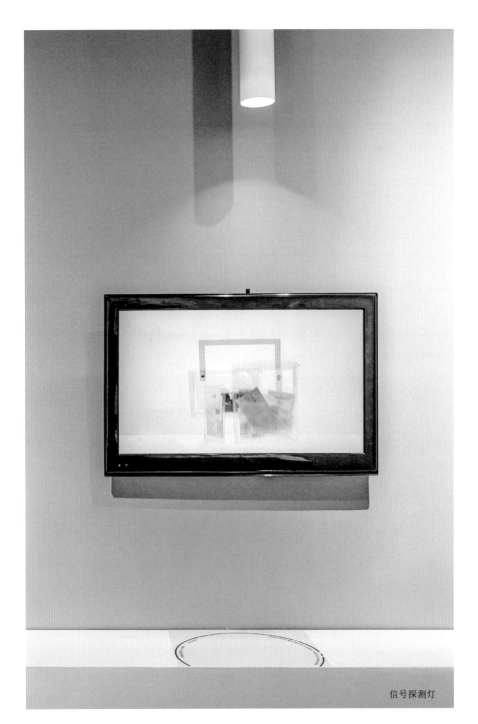

信号探测灯

“

设计是能让人对生活更加热爱的一件事。

”

梁艺献

1996 年　生于广东省阳江市
2019 年　中央美术学院产品设计专业本科毕业
曾任陈漫摄影工作室摄影助理、艺文力研究所平面设
计师
现生活于北京市，就职于白夜照相馆，任摄影师

47 / 风的来信 —— 交互式永存

作品名称：风的来信 — 数字丧葬服务系统与交互式墓碑
设 计 师：姚秋顺
作品材质：石材、电子元器件
设计时间：2017 年

该作品通过对逝者在网络上遗留的大数据信息进行回收、处理与分析，模拟逝者口吻，使用户实现与逝者的电子书信沟通，同时结合交互式墓碑，尝试为用户带来与逝者倾诉或告别的机会，从而让用户获得精神上的支持与鼓舞。

放下手机，看了下时间，是晚上 11 点，我连忙打包好行李，订好一张回老家的车票。凌晨一点，我坐上开往抚顺北的火车，妈妈在电话里告诉我说爷爷昨天去世了，问我能不能回去送老人家最后一程。火车摇晃得很厉害，但我的心情却很平静，平静得我自己都有些出乎意料。只记得 9 月开学之前，我最后一次去看望爷爷，离开的时候爷爷静静地坐在床头，望向窗外。我说："爷，我走了，等我寒假回来再来看你。"爷爷点了点头，看了我一眼，又把头转了回去。九月初，抚顺的天气已然很凉，萧索的景象也意味着冬天不远了。

爷爷是一路陪着我长大的。他胸前的旧式西装口袋里总会放一块手帕，给我擦汗或者擦鼻涕。爷爷在煤厂工作时，他会教我如何在煤块里找到琥珀。我们会到后山上摘花摘草，回到家我会把它们泡在罐子里，摘回来的花脱离了山丘的滋养，倦怠地低着头，我希望可以留住自然的气息，却总是失败。类似的回忆会伴着思念不经意地袭来，有些没说出口的话成了遗憾。

除了这些模糊的印象，爷爷所在的年代能记录一个人的事物也确实只有寥寥几张照片而已。但在如今这个信息与科技齐头并进的时代，个人自身的一切皆可以被量化、面容、声音、思维是每个人独特且私有的"财产"，云端技术、人工智能等也都为人类设想的"死后的世界"提供了可能。未来，死亡可能不仅意味着离开，这个动作可以被赋予更多的意义与内涵，尤其是对生者而言。数据，是现今社会人们生活过的痕迹，是人们存在过的证明。在我们离开这个世界之后，我们所遗留的这些数据遗产该如何处理？是等待被删除清空的命运，直接抹去来过的证明？还是被遗忘在网络的角落中，成为逐渐淡却的痕迹？抑或不时被人提起，成为让人缅怀的生活片段？不可否认，每个人的离开对生者的意义是巨大的，但我还是希望人们不要过度沉湎于他人离去的悲痛中，而是从这个过程里汲取一些生活的勇气与力量，不管面对多大的困难，还是要好好生活下去。

之前看过的一部日本的纪录片，讲述了在 2011 年日本东部地震的震中，大家市被完全摧毁，造成 1200 多人死亡或失踪。在临海的院子里，有一个叫"风的电话"的电话亭，里面有一部没有连接电线的黑色电话和一个笔记本。那些希望与失踪的家人或朋友交谈的人，一个接一个地来到电话亭，拿起电话，讲出他们的故事与思念。我们面对死亡是无能为力的，但这部片子中当地居民想与逝者倾诉的朴素愿望使我触动颇深。我也在想：这些声音是否可以被听到或是被回应呢？在之后的调研中，有种传统民间风俗引起了我的好奇，过去老一辈总会在过节的时候给家里去世的老人烧纸钱，有一次我盯着火光看得出神，暗自心想：那边的人真的可以收到吗？随着调研的深入，我发现其实在中国古代民间就有了类似的风俗。王建《寒食行》诗中有"三日无火烧纸钱，纸钱那得到黄泉"，宋人陶穀的《清异录》中说，在周世宗柴荣的葬日，人们焚化纸钱，纸钱形状大似碗口，上有印文，黄色印的叫"泉台上宝"，白纸的称"冥游亚宝"，说明五代时纸钱已经用雕版印刷大量生产了。此外，风俗从埋纸钱转变为烧纸钱，可能和佛教有关。有学者认为，烧纸钱也随佛教的传入而盛行。故可知烧纸钱应该是受到印度或中亚习俗的影响。印度与中亚人认为，可以用火将祭品传递给鬼神，如婆罗门教中的火神阿耆尼就有传递物品的能力。

经过对烧纸钱这一传统祭祀行为的梳理与分析，对于这种以纸为媒介来传递信息的方式，我想到了现代人过去常用的书信。所以我想，是否可以通过书信的形式使"两界"之间的沟通更具诗意呢？同时，我也在设想通过新兴前沿科技处理大数据信息。经过一系列概念推敲与方案深入，我最后设计出这款交互式墓碑及与其相配的数字丧葬服务系统。

该项目由对应的公墓服务机构负责，通过对逝者生前遗留大数据信息的收集、处理与分析，结合 AI 算法演绎来模拟逝者给生者回信，如思维方式、语气、字迹等。同时，亲友只能在特殊的地点与时间阅读回信，意图是在加强人们情感联结的同时让人们不要忘记了那份对逝者的思念。整体服务系统使用流程如下：首先用户可以选择是否授权并购买和激活该项服务，激活后生者可以按生前的联系方式将消息发送给逝者，如电话、信息等。这些消息被收集到云处理器，通过 AI 算法对逝者生前的大数据信息进行处理分析，模拟逝者的语言习惯和情感，并对生者进行书信回复，可以实现基于不同的信息或不同的人给出不同的回复。回信有着时间和地点的限制，比如处于假期，或长时间未曾到墓地悼念逝者，或处于特殊的地方（比如公墓）的用户才可以收到回信。交互式墓碑由柔性电子屏、处理器、骨灰瓮三部分组成，其不仅是回信的信箱，平时还可以作为一个电子档案来回顾逝者的生平。墓碑会呈现三种状态：一是静默状态，当周围没人的时候，屏幕是卷起来的纸筒的状态；二是生平展示与阅读回信状态，识别到墓碑周围有人时，屏幕会自动展开，显示逝者生平，亲友解锁后可以阅读回信；三是拟人状态，当花束置于墓碑前时，屏幕会像人拥抱花束一样，将花束围抱起来。

通过这个概念设计项目，我希望告别可以不再有遗憾。人们可以在面对生命逝去的时候更加坦然，珍惜生命中的每一个瞬间。

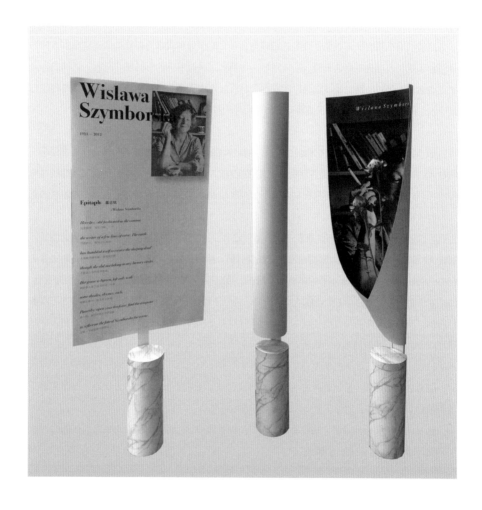

"

设计需要发现日常表象下的线索。

"

姚秋顺

1996 年　出生于辽宁省抚顺市
2019 年　中央美术学院产品设计专业本科毕业
2020 年　米兰理工大学产品服务系统设计硕士在读

展览
2019 年　米兰 combo 专业年度汇报展
2020 年　上海西岸艺术中心艺术与设计创新未来
　　　　　教育博览会

48 / CONNECT —— 多功能猫窝椅子

作品名称：CONNECT—— 多功能猫窝椅子

设 计 师：吕小菊

作品材质：综合材料

设计时间：2018 年 05 月

我不断探究与平衡人与流浪猫的关系，希望创造这样一个契机，将人与流浪猫的情感连接起来，让流浪猫在社区中有一席之地，同时也引起人们对与流浪猫现象的深思——社区并不是流浪猫的归属，也不是它们的天堂。作品是以流浪猫箱为载体的社区公共座椅以及喂养、云领养流浪猫的体系，旨在为流浪猫救助做出一些微小的贡献。流浪猫是社会公益的边缘性群体，社会的关注度低，流浪猫问题不仅是生存问题，更是复杂的社会问题。

这个作品源于一次我去宠物医院的经历。我养了一只猫，有一次去给它输液的时候恰好碰到一只被捡回来的流浪猫也在挂水，好像是被车轧了。前一天我去医院的时候，这只流浪猫的生命体征看起来还很健康，我去摸它，它便往我的手边不断地蹭，乞求得到我的怜爱——流浪的经历让它比家养的猫更懂得如何讨人类的欢心。但第二天我再到医院的时候，它已经开始呼吸急促，医生在我面前为它抢救，不断地做人工呼吸，它开始抽搐，吐出绿色的胆汁，浸染了医用护垫，呼吸一点点消逝。我永远都忘不了这一幕，一个鲜活的生命在我面前消逝。每当我想到我能看到的这只流浪猫只是流浪猫群体中的一员的时候，我的心里就有种难以言说的难过。所以在准备毕业设计课题的时候，我就选择了这个命题。虽然我改变不了什么，但希望能有更多的人能够看到流浪猫这一群体，去关心和爱护它们。

在设计这个项目时，我以自己所在的流浪猫较多的社区作为试点，希望在社区设置一个可以帮助和保护流浪猫的系统机制，试图解决它们的基本生存问题，也想引起公众对流浪猫弱势群体的重视。

我最终选择流浪猫公共座椅的实现方式，是基于流浪猫基本生存问题进行考量，比如住所和饮食等。公共座椅实物以废旧塑料颗粒为材料，最上方为座椅部分，中间为猫咪半封闭睡眠区，透明处为封闭状态，猫咪只可从两侧通行，人们可以用外部的可旋转逗猫棒与猫咪互动。下方为猫咪半开放用餐区，透明部分可开合，提供人给猫喂食的地方，同时隔开人与猫，防止人被猫咪误伤。背后可以放置人们喝剩的矿泉水瓶，在小区门口的快递柜附近设置猫粮投喂机。不过流浪猫是被人类抛弃的，它们与野生动物不同，不具备基本的野外生存能力，解决这个问题的根本还是在于丢弃和领养流浪猫这一环节，也就是人们常说的"用领养代替购买"。于是我设计了一个领养和喂养机制，希望将那些有爱心的爱猫人士通过我的这个机制转化为"云领养者"，即使没有条件领养，也可以通过这个机制来进行"云领养"，以此去最大限度地优化流浪猫的生存环境和生存条件。

希望我构建的流浪猫的生存空间能够在一定程度上建立我所在小区的居民与流浪猫之间的情感关联，将猫与人联系得更加紧密一些，引导大众将目光移至这些流浪动物，在他们的记忆模式中留下与流浪动物友好共存的印象，促使大众反思人与动物的互动关系模式。但我也深知，流浪猫的救助无法仅依靠个人就能完成，我们还有很多路需要走，如果我的设计可以引起一些爱心人士对于流浪猫的重视，引起人们的思考与反省，就达到了我的目的。

"

设计是通过构想和规划去造物，
从而优化人与物、人与人之间的交互方式。

"

吕小菊

1997 年　出生于河北省
2020 年　中央美术学院产品设计专业本科毕业
现生活于北京市

展览
作品《回宋》在秦皇岛玻璃博物馆展出
作品《理想国》在隐·美术馆展出
作品《Connect》参加中央美院 2020 本科线上毕业展

49 / 魔镜 —— 与机器对话

作品名称：魔镜
设 计 师：马子强
作品材质：综合材料
设计时间：2019 年 5 月

作为与使用者有较多互动的产品类型，镜子也许能作为交互产品，与使用者产生新的互动形式。以此为目的进行设计，在镜子与人的关系中，我联想到了 J.K. 罗琳的《哈利·波特》系列魔幻小说中，厄里斯德的镜子展示了"我们心中最深切、最迫切的欲望"。或许镜子中能给我们答案，就如《白雪公主》中皇后继母的魔镜。"魔镜，魔镜，告诉我……"我设计的产品为智能镜，在我们紧张而快节奏的生活中充满了无趣又不是那么重要的选择，与其自己一个人烦恼，为什么不问问魔镜呢？

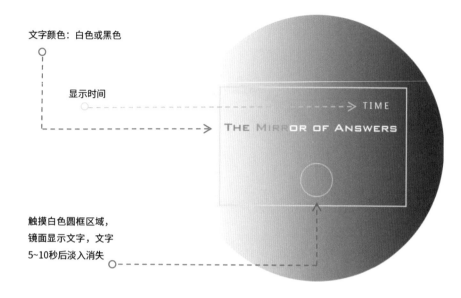

文字颜色：白色或黑色

显示时间

TIME

THE MIRROR OF ANSWERS

触摸白色圆框区域，
镜面显示文字，文字
5~10秒后淡入消失

白色方框内为显示区域，产品通过红外感应开机，打开后镜面进入待机模式（不显示文字），使用者触碰白色圆框区域时，该区域显示文字

明我是一个男生，却会被白雪公主的故事吸引，这个童话给我留下深刻印象的不是公主与王子的爱情，不是白雪公主的奇幻经历，是王后的那面魔镜。我也曾试着对镜子发问，当然，什么回应都没有。

我很喜欢镜子这件器物，它神奇、神秘、又有点诡异，在镜子诞生之初便已经存在对其本体的设计。当第一面镜子被制造出来，制作者便开始研磨、抛光，完善其产品的功能性和美观程度，在人类几千年的历史中，各式各样的镜子被制造出来，被赋予不同的功能。我在大学期间做过镜子的课题，随着对这种能反射光线的产品的深入了解，我喜欢上了这种产品。我想起了白雪公主的故事，我偶尔觉得镜子还是要能说话才好。智能镜已经发展得足够成熟，如智能镜、智能试衣镜、智能机镜，却总觉得少了些温度。我开始思考怎样做一面能说话的魔镜。

在美国及加拿大，幸运饼干是中国餐馆里的一道甜点，但在中国本土并没有这样的东西。加利福尼亚州的多个移民社团都说，20世纪早期幸运饼干就已经流行，其配方是基于日本传统的煎饼。饼干中会藏有一张纸条，上面印有启示的、指导或问候的文字。此外，我觉得所谓算命先生，也只是按照台本来讲故事，听故事的人会自己进行理解。算命先生都会说一些听似很有玄机实则却是模棱两可、似是而非的话，并不会很具体。当你发生了一些事情，却又能和这些话对应上。

或许不需要AI，语意的多样性和幸运饼干给了我灵感。镜面随机显示一句模棱两可的话，这句话可能是无意义的，或者只是简单的肯定句或者否定句。镜子不说出真正的答案，而是让使用者更清楚自己内心的想法，它只是提供一种方式，让使用者有机会对自己提出问题，让自己承认内心最真实的想法。

笔记：

"

为了享受现代生活而设计。

"

马子强

1996 年　出生于河北省唐山市
2019 年　中央美术学院产品设计专业本科毕业
现就职于木一文化有限公司，任产品设计师

展览
2020 年　厦门茶博会
2020 年　杭州文化创意产业博览会

50 / 远近之间 —— 模块产品"行为策划"

作品名称：远近之间
设 计 师：张鑫
作品材质：密度板
设计时间：2018 年 05 月

布洛认为，在审美活动中，只有当主体和对象之间保持着一种恰如其分的心理距离时，对象对主体来说才可能是美的。在本作品中，拉近家庭成员之间的心理距离是设计的一个兴趣点。作品让家庭成员共同完成某件事，或者说是创造一个索取与回馈的过程。作品的主体是三款互动性的柜子，颜色以黑白灰为主。柜子既有公共功能，也可作为私密储藏空间，能很好地保护个人隐私。采用游戏的形式，增进使用者之间的心理距离。

第一款柜子是父母和孩子两者之间进行情感交流的柜子。中间的两个小柜子可以左右滑动，让亲子进行游戏上的交流互动。

第二款柜子是信箱柜，父母和孩子之间通过它来写信交流。与日常的语言交流不同，写信是需要时间和思考的，思考的过程会使人变得冷静，往往在这个时候，人们能敞开彼此的内心世界，表达内心最真实的想法，这也是最理性的一种沟通方式。

第三款柜子是第一款柜子的延伸，主要分为三个部分，每一部分都专属于家庭中不同成员的领域，成员中每个人都会有隐私。而在公共区域，柜子也分为三个可滑动柜体，分隔储藏空间。不同空间储藏的物品可以在使用者的行为中实现转换，用于三者之间的情感交流与沟通。

说到这个作品的灵感，我想浅谈一下"距离感"这个词。我上大学时，其实没有完全打开自己，所以我大二上半学期就一个人出来住了，我与同学和老师都保持着刻意的距离感。这种距离感是出于我的性格，我觉得我是一个很难感到自在的人，所以我很少跟别人接触。因为当我和别人接触的时候，我发现我是不放松的。我现在也在学习怎么样让自己变得放松，对我来说，和别人保持这份"距离感"才是最自在的。

谈到距离这个话题，它不仅是数学中空间上的概念，更形容的是认识、感情等方面的距离。我们生活在一个交流频繁、快捷的时代。有些人认为，在我们的日常生活中，我们

不再把自己与物品之间的距离放在心上，我们不再保持自己与事物之间的距离，我们越发感觉到自己与他人之间的距离是相等的。而我试图设计这款产品来关注人与人之间的距离感。

首先从"距离"这个话题展开讨论，我以调研家庭成员距离的产生为切入口，挖掘父母与孩子之间产生距离的原因，并提出家庭行为规范，制定一系列的游戏规则，将距离拉近。与其他类似产品不同，这件作品更多的是从人性的角度、人与人之间交流互动的角度去促进彼此了解对方，拉近人与人之间的距离。在现如今喧闹而浮躁的生活模式中，父母整天忙碌，很少有机会规划生活、享受生活。父母为生计奔波，孩子忙于上学。双方以这种节奏生活，父母与孩子之间的情感更加疏远，心理距离越来越大。再加上当今互联网的迅速发展，人们的交流更加频繁、便捷，但内心情感的交流也随之越来越少，从而扩大了人与人之间的心理距离。虚拟化的交流方式也让人们之间的交流越来越缺乏真实性，远离现实生活。而这种意义上的"距离"是摸不到的。如果使用某种交流媒介，预设一系列规则，借游戏规则的形式使人们参与互动，从而拉近人们之间的距离，则能有效提高家庭成员之间的互动性。

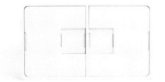 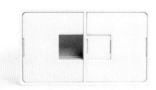

　　互动产品装置不仅能增进家庭成员的交流互动，还能通过制定的游戏规则很好地规范家庭成员的行为，让人们在产品中进行交流，在交流中拉近人们内心的距离。很多时候人们会忽略产品对于人的作用。当家庭中使用某种产品作为交流媒介，使之参与到家庭成员的生活中时，产品和家庭成员的互动就油然而生了。很多人说到了智能产品，现在的智能产品越来越得到了人们的认可，但是智能产品和家庭成员的关系是什么？实则是操作和被操作的关系，家庭成员可以用手机或遥控来控制家庭的某一产品。而我提倡的产品，不是家庭中冷冰冰的具有实用功能性的产品，它强调的是产品与人的互动性，不仅是人作用于产品，还有产品作用于人。

　　当今，人们的生活水平得到了很大的提高，生活质量也进一步改善，人们的眼界也越来越开阔，在这工业化和多元化的社会中，产品的设计也会相应地发生改变。我们应该顺应社会潮流，并不断创新，不断进行产品的研究与拓展。设计是为了让我们的生活更加和谐，让我们的生活更加美好，好的设计一定会顺应社会的发展潮流，引领一种正确的生活方式。怎样通过产品设计来合理地规范家庭行为并且拉近人与人之间的距离是值得我们深思的问题。

设计就是乐观与客观的相遇，是有温度的感受。

张鑫

1994 年　出生于河北省张家口市
2014~2018 年　就读于中央美术学院家居产品专业
2018 年 ~2020 年　就职于乐几北京有限公司, 任产品
设计师
2020 至今　就职于欧时表廊北京有限公司, 任产品设
计师

51 / Gift for Mom — 定制产品与智能服务

作品名称：Gift for Mom
设 计 师：陈亚楠
作品材质：植鞣皮、黑胡桃木
设计时间：2016 年 05 月

私人定制的智能按摩椅通过指纹识别让每一位用户拥有属于自己的按摩椅。由于每个人的身高、体型都不一样，需要提前输入每个人的信息。按摩椅通过指纹识别来进行身份验证，获取个人信息，从而自动调节按摩轮的位置，同时能检测到用户身体的问题，比如肩周炎、颈椎病等，来对用户进行适度按摩。

我最初设计按摩椅的初衷是为妈妈考虑，我是单亲家庭长大的孩子，从出生就是妈妈一个人把我抚养长大，其中的心酸大家可想而知。妈妈既要温柔教导，又必须扮演爸爸的角色来严厉地管教我，让我从小能有一个完整独立的人格，这也造就了我坚毅的性格、不屈不挠的品性和不怕吃苦的精神。但是妈妈为了培养我，给我一个良好的学习环境和生活环境，没日没夜地工作，后来身体也出现了各种疾病，腰椎和颈椎都有问题。当时我虽然年龄小，也是看在眼里，记在心里，内心想着以后等我有钱了，一定要给妈妈买一把按摩椅。现如今我已经长大了，也是该回报妈妈的时候了，于是我想在市面上选择一款舒适的按摩椅送给妈妈。但是我跑遍了所有的商场，看过了所有的按摩产品，都不尽人意。妈妈身材矮小、偏瘦，而大部分按摩椅不会贴合妈妈的身形来进行按摩，而且从设计和美学角度上看，我也不是很满意，一般按摩椅占地面积偏大，比较笨重。所以，我萌生出为妈妈亲自设计并制作一款属于妈妈的私人定制的智能

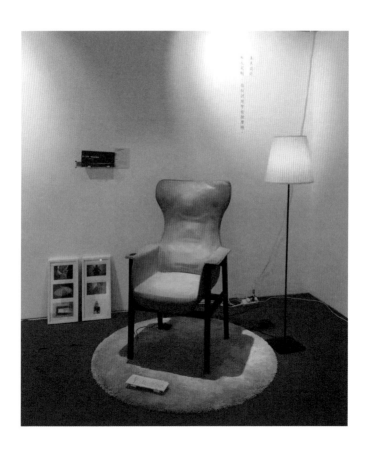

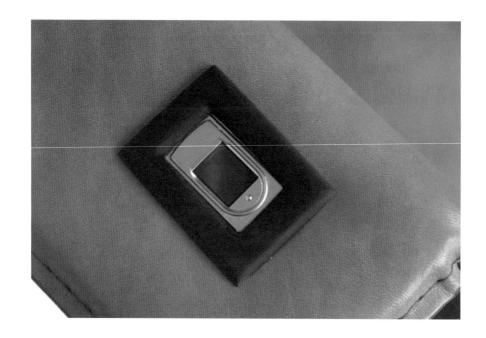

按摩椅的想法，它会是一款外表上看起来很普通，但隐藏了强大功能的特殊的按摩椅。

私人定制是对极致品质生活的一种诠释，是有品位的人士的选择。私人定制具有唯一性、不可复制性，同时也具有保密性，在满足用户需求的同时也能保证不泄露用户的个人隐私。

因为每个人的指纹是不同的，具有唯一性且终身不变，通过将每个人的指纹和预先保存的指纹数据进行比较，智能按摩椅就可以验证他的身份，同时体现私人定制的唯一性和不可复制性。

笔记：

"

设计就是打破原来的枷锁，更好地服务人类，
给人类带来更高的生活品质。

"

陈亚楠

1991 年　出生于河南省濮阳市
2016 年　中央美术学院产品设计专业本科毕业
现生活于北京，就职于朴新教育集团

展览
多次参加全国重要画展。作品被世界博览会上合组织
公益作品展馆 、中央美院、炎黄艺术馆等单位收藏，曾
任中国人民大学画院毛保增工作室班主任
2015 年　作品《竹语》荣获央美优秀作品三等奖
2018 年　中国美术家协会神圣长白中国画展
2019 年　中国美协"视界"插画《畅游山水间》作品展
2020 年　品真格物——第二届全国青年工笔画《温暖家园》作品展

后记

艾琳·格雷曾说过："设计师们的心里都有一张名单，上面密密麻麻地（又或许只有一两个）布满了对他们设计路上曾有启发或影响的人们的名字。名单上的人们也许家喻户晓，又或名不见经传；可能没有追求过世界定义的成功，但活出了波澜壮阔的人生，他们的作品与人生的哲学，都紧紧地抓住了那些梦想着让世界变得更美好的人们的心。"

本书只是记录教学的一段路程，书中所有设计师都是已经毕业并走向社会的学生，这里收录的作品也都是他们的原创作品。我希望此书能对他们所有鼓励，这也是对我本人的鼓励与鞭策。

此外，我也要感谢历届教研室导师的悉心辅导，有李宽广老师、刘芊伶老师、刘芊俐老师、周正老师，以及校外专家的专业评议，有胡泉纯老师、崔鹏飞老师、王杰老师。

最后，希望已经毕业和还在校园内的同学们能够保持那一份热爱，奔赴下一场山海，以梦为马，不负韶华。

作者简介 /

李晓明

| 基本信息 |

1979 年生。

2003 年毕业于中央美术学院，获建筑学学士学位。

2010 年毕业于中央美术学院建筑学院，获工学硕士学位。

2010 年与合伙人成立建筑营设计工作室（ARCHSTUDIO）。

2009 年至今就职于中央美术学院，任家居产品专业教师，目前生活和工作于北京。

| 展览及论坛 |

2012 年作品"建造系列——纸砖"参展"跃然纸上"展览。

2014 年作品"建造系列——纸砖"参展成都双年展。

2016 年作品"纸砖纸桌"参展西安美术学院新工艺学术展。

2017 年 12 月作品"纸砖纸桌"参加"再造——当代手工艺教学与创作展览及学术论坛"。

2018 年 8 月合作作品"水岸佛堂"参加港澳艺术双年展。

2019 年 11 月合作作品"水岸佛堂"参加 2019 第十三届全国美术作品展。

2019 年 11 月合作作品"有机农场"参加 2019CADE 建筑设计博览会"新发展理念下的中国
当代建筑设计"主题展。

2019 年 9 月合作作品"有机农场"参加 2019 北京国际设计周设计之旅加盟汇流展。

2019 年 11 月作品"纸砖纸桌"参加国家艺术基金项目 2019 第九届"绿色生活"艺术创意展。

2021 年 9 月作品"纸砖纸桌"参加第四届中国设计北京 CAFA"自然·假设"展。

2022 年 1 月作品"水桌"参加第六届保利学院之星当代艺术展。

| 获奖 |

2002 年作品"orbit city"获 UIA 国际建筑师协会"建筑与水"国际竞赛亚洲奖。

2004 年作品"instant flow city"获"TRANSNATIONAL"包豪斯国际设计竞赛入围奖。

2004 年作品"沙滩痕迹"获"为中国而设计"首届全国环境艺术设计大赛金奖,同时获"第十
届全国美术作品展览"银奖。

2017 年 2 月合作作品"唐山有机农场"获 2017ArchDaily 年度建筑大奖工业建筑类最佳建筑奖。

2017 年合作作品"唐山有机农场"获 2017 加拿大木结构设计与建筑特优奖。

2017 年 4 月作品"纸桌"获意大利 A'设计大奖赛（A'Design Awards）家具类铜奖。

2017 年作品"纸砖"入围国际红点设计概念奖。

2018 年合作作品"水岸佛堂"获 2018ArchDaily 年度建筑大奖最佳宗教建筑奖。

2018 年合作作品"水岸佛堂"获 2018WA 中国建筑奖。

2019 年合作作品"山居"获台湾 TID 室内设计居住空间类金奖。

2019 年合作作品 LILYNAILS 太阳宫店，获美国建筑大师奖室内商业空间类别大奖。

2019 年合作项目 LILYNAILS 合生汇店，获德国 ICONIC 室内类别设计奖。

2020 年合作作品"七舍合院"获 Dezeen 年度最佳住宅再生项目奖。

2021 年合作作品"七舍合院"获 2021ArchDaily 年度住宅建筑类大奖。

2021 年合作作品 "七舍合院"获荷兰 FRAME AWARDS 年度独立住宅奖。

2022 年合作作品"七舍合院"获 2022 亚洲建筑协会建筑奖提名奖。

2022 年合作作品"混合宅"获第三届 Active HouseAward 中国区建筑设计竞赛职业建成组三等奖。

2022 年合作作品"混合宅"获 卷宗 Wallpaper 设计大奖最佳室内设计提名奖。

| 出版物 |

1. 著作

2017 年 8 月出版专著《建筑三十九渡》，清华大学出版社。

2020 年 3 月再版《绝美建筑三十九渡》，中国台湾松博出版事业有限公司。

2. 主要论文

关于"建造系列"纸砖纸桌的思考，《中国室内》，中国水利水电出版社，2017.4。

water table and framed mirron， Archi-Lab Co，2018.11。

偏锋画廊，韩国 interiors 空间设计杂志，2022.8。

3. 杂志

合作作品"有机农场"，奥地利《architektur》，2017.3。

作品"纸桌纸砖"，《出色 trends》，2017.3。

作品"纸桌纸砖"，《Buildotech》印度，2017. 10-11。

作品"框镜"，《ELLE 家居廊》，2018.7。

作品"纸桌纸砖"，"再造"2017 当代手工艺系列展览作品及论文集，2020.4。

合作作品"镜花园"，《2019-2020 中国室内设计年鉴》， 2020。

合作作品"镜花园"，《2020 设计家年鉴》，2020。

合作作品"镜花园"，《interior》中国台湾，2020.2。

合作作品"山居"，《INTERNI&DECOR》韩国，2020.9。

合作作品"山居"，《ELLE 家居廊中国室内设计年鉴》，2020。